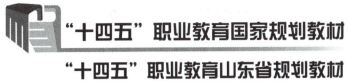

"十四五"职业教育国家规划教材

"十四五"职业教育山东省规划教材

建筑工程施工组织与管理

主　编　黄河军　王光炎
副主编　田　雷　朱溢楠　朱贺嫘
参　编　瞿绪红　胡　斌

北京理工大学出版社
BEIJING INSTITUTE OF TECHNOLOGY PRESS

内容简介

本教材以培养具有工程项目施工组织与管理能力为目标，全面、系统地讲述了施工项目组织与管理的理论、方法和实例。围绕施工项目管理，深入讲述了流水施工方法、工程网络计划技术、单位工程施工组织设计、施工组织总设计、建筑工程进度、建筑工程质量、建筑工程安全、建筑工程信息资料管理等内容。吸收了国内外的工程项目管理科学的传统内容和最新成果，紧密结合我国工程建设的改革实际，着力培养技术人员的工程施工组织与管理的能力和工程素养。

在教材编写过程中，依据高级应用型人才培养的特点和要求，本着"理论够用、培养能力为主、考虑持续发展需要"的原则，力争内容严谨规范、语言通俗易懂、案例源自工程，图表相得益彰。在内容上，精选理论内容和示例，侧重理论和方法的工程应用。结合工程发展需要，增加了 BIM 运用于施工过程的内容介绍。

本书可作为土建类相关专业的教材，也可作为现场施工管理人员的参考用书。

版权专有　侵权必究

图书在版编目（CIP）数据

建筑工程施工组织与管理 / 黄河军，王光炎主编. -- 北京：北京理工大学出版社，2021.11（2023.11重印）
ISBN 978 – 7 – 5763 – 0751 – 1

Ⅰ.①建… Ⅱ.①黄… ②王… Ⅲ.①建筑施工 – 施工组织②建筑施工 – 施工管理 Ⅳ.①TU7

中国版本图书馆 CIP 数据核字（2021）第 256405 号

责任编辑：张荣君　　**文案编辑**：张荣君
责任校对：周瑞红　　**责任印制**：边心超

出版发行 /	北京理工大学出版社有限责任公司
社　　址 /	北京市丰台区四合庄路 6 号
邮　　编 /	100070
电　　话 /	（010）68914026（教材售后服务热线）
	（010）68944437（课件售后服务热线）
网　　址 /	http://www.bitpress.com.cn
版 印 次 /	2023 年 11 月第 1 版第 2 次印刷
印　　刷 /	定州启航印刷有限公司
开　　本 /	889mm×1194mm　1/16
印　　张 /	11
字　　数 /	212 千字
定　　价 /	32.00 元

图书出现印装质量问题，请拨打售后服务热线，负责调换

前言

FOREWORD

建筑工程施工组织与管理是一门实用性强、发展迅速的学科，是中等职业教育学校建筑工程施工专业的必修课程，其课程任务是培养学生能够综合运用土木工程的基本理论与知识，具有制订施工方案、编制施工计划和实施施工管理的基本能力，为今后实际工作夯实基础。

近年来，组织施工的方法和施工管理的水平有了较大发展和进步。其中包括流水施工的理论与应用，工程网络计划及其优化方法的应用与发展，项目管理软件的开发与大量使用，施工组织与管理方法的不断进步，以及与施工组织设计、工程项目管理相关规范的出台或更新等，如《建设工程项目管理规范》（GB/T 50326—2017）、《建设项目工程总承包管理规范》（GB/T 50358—2017）、《建筑工程绿色施工规范》（GB/T 50905—2014）、《建筑施工易发事故防治安全标准》（JGJ/T 429—2018）、《建筑信息模型施工应用标准》（GB/T 51235—2017）、建筑业10项新技术，这些都要求教材及时更新和完善，以适应技术技能人才培养的需要。

本教材以培养学生具有工程项目施工组织与管理能力为目标，全面、系统地讲述了施工项目组织与管理的理论、方法和实例。围绕施工项目管理，深入讲述了流水施工方法、工程网络计划技术、单位工程施工组织设计、施工组织总设计、建筑工程进度、建筑工程质量、建筑工程安全、建筑工程信息资料管理等内容。吸收了国内外的工程项目管理科学的传统内容和最新成果，紧密结合我国工程建设的改革实际，着力培养学生的工程施工组织与管理的能力和工程素养。

在教材编写过程中，依据高级应用型人才培养的特点和要求，本着"理论够用、培养能力为主、考虑持续发展需要"的原则，力争内容严谨规范、语言通俗易懂、案例源自工程，图表相得益彰。在内容上，精选理论内容和示例，侧重理论和方法的工程应用。结合工程发展需要，增加了BIM运用于施工过程的内容介绍。考虑到学生今后职业生涯的需要，适当增加了建造师、监理工程师、造价工程师等注册考试所需的基础理论知识。教师可根据不同的专业、不同的教学对象，适当选取教学内容，灵活安排学时，课堂重点讲解每章主要知识模块，章节中的知识链接、应用案例和习题等模块可安排学生课后阅读和练习。

教材编写注重配套资源建设，包括电子教案、教学课件、教学视频（微课）、习题及答案、模拟测试卷及答案等，形成更多可听、可视、可练、可互动的数字化教材；适用于以学生为中心的教学模式，支持学生课内外自主、随机、个性化学习，教材的行文编写也更加注重和学习者之间的深层次互动。

本教材在编写过程中参考了大量文献资料、施工案例等，在此一并表示衷心的谢忱！由于时间和水平所限，书中难免有不足之处，敬请广大读者批评指正。反馈邮箱：291589120@qq.com。

编 者

目 录

CONTENTS

单元1 绪论 1
  1.1 概述 2
  1.2 建设程序与建筑产品 3
  1.3 建筑施工组织原理 4
  1.4 施工项目管理 6
 单元总结 8
 习题 8

单元2 建筑工程施工准备工作 10
  2.1 施工准备工作的意义和内容 11
  2.2 施工准备工作计划的编制 14
 单元总结 15
 习题 15

单元3 建筑工程流水施工 17
  3.1 流水施工的基本知识 18
  3.2 流水施工主要参数 22
  3.3 流水施工组织方式 27
  3.4 流水施工应用实例 35
 单元总结 37
 习题 37

单元4 网络计划技术 39
  4.1 网络计划基本知识 40
  4.2 双代号网络计划 43
  4.3 单代号网络计划 58
  4.4 双代号时标网络计划 63
  4.5 网络计划优化 67
  4.6 网络计划控制 71
 单元总结 77
 习题 78

目录

单元 5　施工组织设计 ……………………………………………………… 81
　5.1　施工组织总设计 …………………………………………………… 82
　5.2　单位工程施工组织设计 …………………………………………… 90
　单元总结 ………………………………………………………………… 104
　习题 ……………………………………………………………………… 105

单元 6　建筑工程安全管理和文明施工管理 …………………………… 107
　6.1　概述 …………………………………………………………………… 108
　6.2　施工现场安全管理 …………………………………………………… 110
　6.3　施工现场文明施工与环境保护 ……………………………………… 123
　6.4　安全事故分类与处理 ………………………………………………… 127
　单元总结 ………………………………………………………………… 130
　习题 ……………………………………………………………………… 131

单元 7　建设工程项目管理 ……………………………………………… 134
　7.1　建筑工程质量管理 …………………………………………………… 135
　7.2　建筑工程施工进度管理 ……………………………………………… 150
　7.3　建筑工程成本管理 …………………………………………………… 155
　7.4　建筑工程其他管理 …………………………………………………… 163
　单元总结 ………………………………………………………………… 166
　习题 ……………………………………………………………………… 167

参考文献 …………………………………………………………………… 169

单元 1

绪 论

教学目标

【知识目标】
1. 了解建设工程项目管理的含义。
2. 理解建筑工程施工组织与管理的概念,理解建筑施工组织原理。
3. 掌握建设工程程序与施工程序、工程项目管理方法。

【能力目标】
通过本单元的学习,能够根据具体工程特点,编制简单的工程施工方案,初步具备组织简单或小型工程施工的能力。

思维导图

1.1 概　　述

现代化建筑施工是一项多工种、多人员、多专业、多设备的复杂的系统工程，做好施工的组织与管理对项目建设取得成功尤为重要。施工组织与管理的任务就是根据建筑工程产品及其生产的特点、国家及地区的法律法规、工程建设程序及相关技术和方法，在开工前对整个工程的实施做出计划与安排，在工程施工过程中进行有效的管理，以控制工程实施的进度、质量和安全，使工程施工取得相对较优的效果。

1.1.1 建筑工程施工组织与管理

建筑工程施工组织与管理是针对建筑工程施工的复杂性，研究工程建设的统筹安排与系统管理的客观规律的一门学科，它研究如何组织、计划一项拟建工程的全部施工，寻求最合理的组织与方法。施工组织的任务是根据建筑产品生产的技术经济特点，以及国家基本建设方针和各项具体的技术政策，实现工程建设计划和设计的要求，提供各阶段的施工准备工作内容，对人力、资金、材料、机械和施工方法等进行科学合理的安排，协调施工中各施工单位、各工种之间、资源与时间之间、各项资源之间的合理关系。

1.1.2 建设工程项目管理

1. 建设工程项目管理的含义

项目管理是为使项目取得成功所进行的全过程、全方位的规划、组织、控制与协调。

建设工程项目管理指组织运用系统的观点、理论和方法，对建设工程项目进行计划、组织、指挥、协调和控制等专业化活动。

2. 建设工程项目管理的内容

建设工程项目的内容一般包括项目合同管理、项目采购管理、项目进度管理、项目质量管理、项目职业健康安全管理、项目环境管理、项目成本管理、项目资源管理、项目信息管理、项目风险管理、项目沟通管理、项目收尾管理等。

1.2 建设程序与建筑产品

1.2.1 基本建设及其程序

1. 基本建设

基本建设是指国民经济各部门实现新的固定资产生产的一种经济活动,也是进行设备购置、安装和建筑的生产活动以及与其联系的其他有关工作。

基本建设包括固定资产的建筑和安装、固定资产的购置、其他基本建设工作。具体形式体现为新建、扩建、改建、恢复和迁建等。

2. 基本建设程序

基本建设程序是指建设项目在整个建设过程中各项工作必须遵循的先后顺序,也是建设项目在整个建设过程中必须遵循的客观规律。一般划分为项目建议书阶段、可行性研究阶段、设计阶段、施工准备阶段、施工阶段、生产准备阶段、竣工验收交付使用阶段和项目后评价阶段8个步骤。

1.2.2 基本建设项目及其组成

1. 基本建设项目的含义

基本建设项目简称建设项目,凡是按一个总体设计组织施工,建成后具有完整的系统,可以独立地形成生产能力或使用价值的建设工程,称为一个建设项目。如一个学校的建设就是一个独立的建设项目。

2. 基本建设项目组成

一个建设项目,按其复杂程度,一般可由以下工程内容组成:单项工程、单位工程、分部工程和分项工程。

(1)单项工程是指具有独立的设计文件,并能独立组织施工,建成后可以独立发挥生产能力或使用效益的工程,是建设项目的组成部分,如学校一栋教学楼的建设就是一个单项工程。

（2）单位工程是指具有单独设计的施工图和单独编制的施工图预算，可以独立组织施工及单独作为成本核算对象，能形成独立使用功能的建筑物或构筑物，但建成后一般不能独立发挥生产能力或使用效益的工程。单位工程是单项工程的组成部分，如学校一栋教学楼的土建工程就是一个单位工程。

（3）分部工程是把单位工程中性质相近且所用工具、工种、材料大体相同的部分组合在一起的工程，是单位工程的组成部分。如砌筑工程、混凝土工程等。

（4）分项工程是按选用的施工方法、材料和结构构件规模、构造不同等因素而划分的。如楼地面工程由水泥砂浆楼地面工程、现浇水磨石楼地面工程等分项工程组成。

1.3　建筑施工组织原理

1.3.1　施工项目管理组织概述

施工项目管理的组织，是指为进行施工项目管理和实现组织职能而进行系统的设计与建立、组织运行和组织调整3个方面。

项目管理的组织职能包括5个方面：组织设计、组织联系、组织运行、组织行为、组织调整。

1.3.2　施工项目管理组织形式

组织形式也称组织结构的类型，是指一个组织以什么样的结构方式去处理层次、跨度、部门设置和上下级关系。项目组织的形式应根据工程项目的特点、工程项目的承包模式、业主委托的任务以及单位自身情况而定。常见的工程项目管理组织机构形式如下。

1. 直线制组织形式

这种组织模式是以承包项目为对象来组织项目承包队伍、企业职能部门和下属施工单位或专业承包队伍处在服从地位。

直线制组织形式，适用于大中型项目和工期紧迫的项目，或者要求多部门密切配合的项目。其主要优点是结构简单、权力集中、易于统一指挥、隶属关系明确、职责分明、决策迅速。但由于未设职能部门，项目经理没有参谋和助手，要求领导者通晓各种业务，成为"全能式"人才。无法实现管理工作专业化，不利于项目管理水平的提高。如图1-1所示。

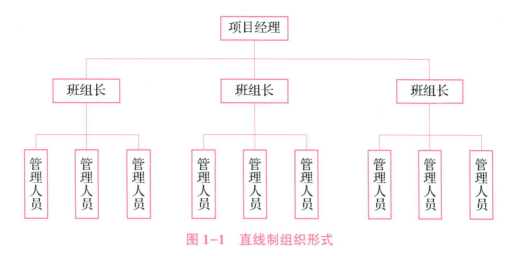

图1-1　直线制组织形式

2. 职能制组织形式

这种组织模式是在各管理层次之间设置职能部门，各职能部门分别从职能角度对下级执行者进行业务管理。在职能制组织机构中，各级领导不直接指挥下级，而是指挥职能部门。各职能部门可以在上级领导的授权范围内，就其所辖业务范围向下级执行者发布命令和指示（见图1-2）。

职能制组织形式，适用于小型简单项目。其主要优点是强调管理业务的专门化，注意发挥各类专家在项目管理中的作用。由于管理人员工作单一，易于提高工作质量，同时可以减轻领导者的负担。但是，由于这种机构没有处理好管理层次和管理部门的关系，形成多头领导，使下级执行者接受多方指令，容易造成职责不清。

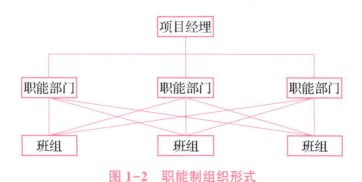

图1-2　职能制组织形式

3. 矩阵制组织形式

这种组织模式是将按职能划分的部门与按工程项目（或产品）设立的管理机构，依照矩阵方式有机地结合起来的一种组织机构形式。

矩阵制组织形式适用于同时承担多个项目的企业，大型复杂项目和对人工利用率要求高的项目。其优点是能根据工程任务的实际情况灵活地组建与之相适应的管理机构，具有较大的机动性和灵活性。它实现了集权与分权的最优结合，有利于调动各类人员的工作积极性，使工程项目管理工作顺利地进行。但是，矩阵制组织机构经常变动，稳定性差，尤其是业务人员的工作岗位频繁调动。此外，矩阵中的每一个成员都受项目经理和职能部门经理的双重领导，如果处理不当，就会造成矛盾，产生扯皮现象（见图1-3）。

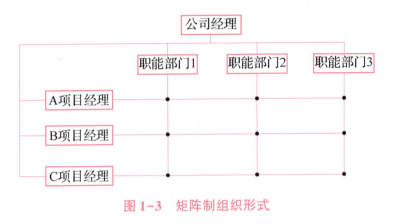

图1-3　矩阵制组织形式

1.4　施工项目管理

1.4.1　施工项目管理概述

1. 施工项目管理的概念

施工项目管理是施工企业运用系统的观点、理论和科学技术对施工项目进行计划、组织、监督、控制、协调等全过程、全方位的管理，实现按期、优质、安全、低耗的项目管理目标。它是整个建设工程项目管理的一个重要组成部分，其管理的对象是施工项目。

2. 施工项目管理的目标

施工方作为项目建设的一个参与方，其项目管理主要服务于项目的整体利益和施工方本身的利益，其项目管理的目标包括施工的安全管理目标、施工的成本目标、施工的进度目标和施工的质量目标。

3. 施工项目管理的任务

施工项目管理的主要任务包括施工项目职业健康安全管理、施工项目成本控制、施工项目进度控制、施工项目质量控制、施工项目合同管理、施工项目沟通管理、施工项目收尾管理。

施工方的项目管理工作主要在施工阶段进行，但由于设计阶段和施工阶段在时间上往往是交叉的，因此，施工方的项目管理工作也会涉及设计阶段。在动用资金前准备阶段和保修期施工合同尚未终止的这段时间内，还有可能出现涉及工程安全、费用、质量、合同和信息等方面的问题，因此，施工方的项目管理也涉及动用前准备阶段和保修期。

除以上内容外，施工项目管理还包括项目采购管理、项目环境管理、项目资源管理和项目风险管理。

1.4.2　施工项目管理程序

1. 投标与签订合同阶段

建设单位对建设项目进行设计和建设准备，在具备了招标条件以后，便发出招标公告或邀请函。施工单位收到招标公告或邀请函后，自做出投标决策至中标签约，实质上便是在进行施工项目的工作，本阶段的最终管理目标是签订工程承包合同。

2. 施工准备阶段

施工单位与投标单位签订工程承包合同后，便应组建项目经理部，然后以项目经理为主，与企业管理层、建设（监理）单位配合，进行施工准备，使工程具备开工和连续施工的基本条件。

3. 施工阶段

在这阶段中，施工项目经理部既是决策机构，又是责任机构。企业管理层、项目业主、监理单位的作用是支持、监督与协调。该阶段的目标是完成合同规定的全部施工任务，达到验收、交工的条件。

4. 验收、交工与结算阶段

本阶段的目标是对成果进行总结、评价，对外结清债权债务，结束交易关系。

5. 使用后保修阶段

在竣工验收后，按合同规定的责任期进行用后服务、回访与保修，其目的是保证使用单位正常使用、发挥效益。

单元总结

本单元介绍了建筑工程施工组织与管理的概念、建筑施工组织原理等内容。重点阐述了建设程序、工程项目管理组织形式。

习 题

一、填空题

1. 建设工程项目管理的内容一般包括(　　　　)、(　　　　)、(　　　　)、(　　　　)、项目职业健康安全管理、项目环境管理、项目成本管理、项目资源管理、项目信息管理、项目风险管理、项目沟通管理、项目收尾管理等。

2. 基本建设项目组成按其复杂程度建设项目由以下工程内容组成：(　　　　)、(　　　　)、(　　　　)和(　　　　)。

3. 常用的项目组织形式一般有(　　　　)、(　　　　)和(　　　　)。

二、单选题

1. 具有独立的设计文件，在竣工投产后可以发挥效益或生产能力的车间生产线或独立工程称为(　　)。

　　A. 建设项目　　　B. 单项工程　　　C. 单位工程　　　D. 分部工程

2. 可行性研究报告经批准后，是(　　)的依据。

　　A. 施工图设计　　B. 初步设计　　　C. 项目建议书　　　D. 技术设计

3. 建筑施工中的流水作业与工业生产中的流水作业最主要的区别是(　　)。

　　A. 专业队伍固定，产品流动　　　　B. 专业队伍和产品都固定

　　C. 专业队伍随产品的流动而流动　　D. 产品固定，专业队伍流动

4. 适用于小型简单项目的组织形式是(　　)。

　　A. 直线制　　　B. 职能制　　　C. 矩阵制　　　D. 直线矩阵制

5. 施工方作为项目建设的参与方式之一，其项目管理主要服务于项目的整体利益和施工方本身的利益，其项目管理的目标包括施工的安全管理目标、施工的(　　)、施工的进度目标和施工的质量目标。

A. 经济目标　　　B. 投资目标　　　C. 成本目标　　　D. 效益目标

三、简答题

1. 简述建筑施工组织的任务。
2. 试述建设工程项目管理的含义。
3. 试述基本建设程序的主要内容。
4. 一个建设项目由哪些工程内容组成？
5. 试述施工项目管理的程序。

单元 2

建筑工程施工准备工作

教学目标

【知识目标】

1. 了解施工准备工作的分类及要求。
2. 理解施工准备的意义。
3. 掌握施工准备工作的内容。

【能力目标】

通过本单元的学习,能够根据具体工程情况,编制前期准备工作计划。

思维导图

```
                                          ┌─ 施工准备工作的意义
                    ┌─ 施工准备工作的意义和内容 ─┼─ 施工准备工作的分类
                    │                      ├─ 施工准备工作的内容
建筑工程施工准备工作 ─┤                      └─ 施工准备工作的要求
                    │                      
                    └─ 施工准备工作计划的编制 ─┬─ 施工准备工作计划
                                          └─ 开工条件和开工报告
```

2.1　施工准备工作的意义和内容

2.1.1　施工准备工作的意义

施工准备工作是为了保证施工活动正常进行和工程顺利竣工所必需的各项准备工作。它是建筑施工组织的重要组成部分，是施工程序中的重要环节。

严格遵守施工程序，按照工程建设的客观规律组织施工，做好各项准备工作，是施工顺利进行和工程圆满完成的重要保证。一方面，可以保证拟建工程能够连续、均衡、协调和安全地进行，并在规定的工期内交付使用；另一方面，在保证工程质量的条件下能够提高劳动生产率和降低工程成本、发挥企业优势、增加企业经济效益、赢得企业社会信誉、实现企业现代化管理、保护生态环境，具有实现人与自然和谐共存等方面的意义。

2.1.2　施工准备工作的分类

1. 按准备工作范围分类

(1) 全场性施工准备。全场性施工准备是指以整个建设项目为对象而进行的，需要统一部署的各项施工准备。其特点是施工准备工作的目的、内容都是为全场性施工服务的，不仅要为全场性施工做好准备，而且要兼顾单位工程施工条件的准备工作。

(2) 单位工程施工条件准备。单位工程施工条件准备是指以单位工程为对象而进行的施工条件准备工作。其特点是施工准备工作的目的、内容都是为单位工程施工服务的，它不仅要为该单位工程的施工做好准备，而且要为分部分项工程做好施工准备工作。

(3) 分部分项工程作业条件准备。分部分项工程作业条件准备是以一个分部(分项)工程或冬期、雨期施工项目为对象进行的作业条件准备。

2. 按准备工作所处施工阶段分类

(1) 开工前的施工准备。它是在拟建工程正式开工前所进行的一切施工准备工作，其作用是为开工创造必要的施工条件。

(2) 各施工阶段前的施工准备。它是在施工项目开工之后，每个施工阶段正式开工之前所进行的一切施工准备工作，其目的是为各分部（分项）工程的顺利施工创造必要的施工条件。

3. 按施工准备工作性质和内容分类

施工准备工作按其工作性质和内容的不同，通常分为技术准备、物资准备、劳动组织准备、施工现场准备和施工场外准备。

2.1.3 施工准备工作的内容

每项工程施工准备工作的内容，视该工程具备的条件而异。有的比较简单，有的却十分复杂。只有按照施工项目的规划来确定准备工作的内容，并拟定具体的、分阶段的施工准备工作实施计划，才能充分地为施工创造一切必要的条件。一般工程必需的准备工作内容如图2-1所示。

2.1.4 施工准备工作的要求

1. 施工准备工作应分阶段、有组织、有计划、有步骤地进行

施工准备工作不仅要在开工前集中进行，而且应贯穿于整个施工过程中。随着工程施工的不断进展，在各分部（分项）工程施工开始之前，都要做好准备工作，为各分部（分项）工程施工顺利进行创造必要的条件。

2. 施工准备工作应建立严格的保证措施

（1）建立严格的施工准备工作责任制。建立严格的责任制，按计划将责任落实到有关部门及个人，明确各级技术负责人在施工准备工作中应负的责任，使各级技术负责人认真做好施工准备工作。

（2）建立施工准备工作检查制度。在施工准备工作实施过程中，应定期进行检查。检查的目的在于发现薄弱环节、不断改进工作。施工准备工作检查的主要内容是施工准备工作计划的执行情况。

（3）坚持按基本建设程序办事，严格执行开工报告和审批制度。依据现行《建设工程监理规范》（GB/T 50319）的有关要求，工程项目开工前，施工准备工作情况达到开工条件要求时，施工单位应向监理单位报送工程开工报审表及开工报告、证明文件等，监理单位审查同意后，由总监理工程师签发，并报建设单位后，在规定时间内开工。

3. 施工准备工作应协调好各方面的关系

由于施工准备工作涉及范围广，因此除了施工单位自身努力做好准备工作外，还要取得

建设单位、监理单位、设计单位、供应单位、行政主管部门等相关单位的协作与支持，分工明确，共同做好施工准备工作。施工准备的工作内容，如图 2-1 所示。

图 2-1 施工准备工作内容

2.2 施工准备工作计划的编制

2.2.1 施工准备工作计划

施工准备工作计划是施工组织设计的内容之一,其目的是布置全场性分批施工的单位工程的准备工作,内容涉及施工必需的技术、人力、物质、组织等各方面。施工准备工作计划应依据施工部署、施工方案和施工进度计划进行编制,各项准备工作应注明工作内容、起止时间、责任人(或单位)等。可根据需要采用施工准备计划表(见表2-1)、横道图或网络图等形式进行表达。

表2-1 施工准备工作计划表

序号	施工准备工作	简要内容	要求	负责单位	负责人	配合单位	起止时间 月日	起止时间 月日	备注

2.2.2 开工条件和开工报告

施工准备工作是根据施工条件、工程规模、技术复杂程度来制定的。对于一般的单项工程需具备以下准备工作方可开工。

(1)征地拆迁工作能满足工程进度的需要。
(2)施工许可证已获政府主管部门批准。
(3)施工组织设计已获总监理工程师批准。
(4)施工单位现场管理人员已到位,机具、施工人员进场,主要工程材料已落实。
(5)进场道路及水、电、通信等已满足开工要求。

上述条件满足后,应及时填写开工申请报告,并报上级批准。

工程开工报告表格式见表2-2。

表 2-2 开工报告

工程名称			建筑面积(m²)	
施工单位			预算工作量(元)	
建设单位			工程结构	
设计单位			工程地址	
承包形式			分包单位	
计划开竣工日期			单位工程造价	
工程内容			计划、设计、规划批准文件等	
开工准备工作状况		建设单位报告人： 　　　　　　　　　施工单位报告人： 　　　　　　　　　　　年　月　日		
建设单位	（章） 签名： 年　月　日	施工单位		（章） 签名： 年　月　日
审查机关意见	（章） 审查人： 年　月　日	批准机关意见		（章） 批示人： 年　月　日

单 元 总 结

本单元介绍了施工准备工作的意义和内容，以及施工准备工作计划的编制。重点阐述了施工准备工作的意义、施工准备工作的内容。

习　　题

一、填空题

1. 施工准备工作按其性质和内容，通常分为（　　　　　）、（　　　　　）、（　　　　　）、（　　　　　）和（　　　　　）。

2. 施工准备工作除了与施工单位有关外，还要取得（　　　　　）、（　　　　　）、（　　　　　）、供应单位、行政主管部门等的协作及相关单位的支持。

3. 施工现场"三通一平"是指（　　　　　）、（　　　　　）、（　　　　　）、（　　　　　）。

二、选择题

1. 图纸自审由（　　）主持，一般由施工单位的项目经理部组织各工种人员对本工种的有关图纸进行审查。

    A. 建设单位   B. 设计单位   C. 监理单位   D. 施工单位

2. 物资准备工作的内容不包括（　　）。

    A. 建筑材料的准备   B. 现场准备

    C. 建筑安装机具的准备   D. 生产工艺设备的准备

3. 施工现场准备的内容不包括（　　）。

    A. 三通一平   B. 施工场地控制网测量

    C. 临时设施搭设   D. 材料设备的加工和订货

4. 按施工准备工作范围分类，施工准备工作一般可分为（　　）。

    A. 全场性施工准备   B. 单位工程施工条件准备

    C. 分部分项工程作业条件准备   D. 开工前的施工准备

5. 技术资料准备包括（　　）。

    A. 冬期施工准备   B. 雨期施工准备

    C. 夏期施工准备   D. 施工准备工作计划

三、简答题

1. 试述施工准备工作的意义。

2. 简述施工准备工作的分类和主要内容。

3. 施工现场准备工作包括哪些方面？"三通一平"包括哪些内容？

单元 3

建筑工程流水施工

【教学目标】

【知识目标】
1. 了解施工流水的基本概念。
2. 理解不同施工组织方式的优缺点及使用范围。
3. 掌握流水施工的基本方式及流水施工在工程中的应用。

【能力目标】
通过本单元的学习让学生具备编制建筑流水施工组织方案的能力。

思维导图

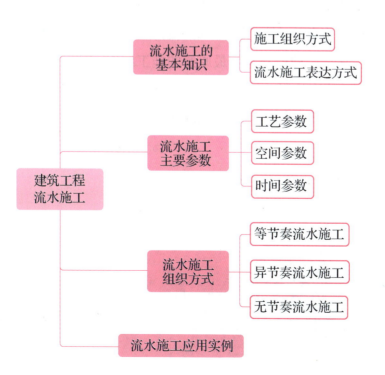

单元 3　建筑工程流水施工

3.1　流水施工的基本知识

3.1.1　施工组织方式

任何一个建筑工程都是由许多施工过程组成的,而每一个施工过程又可以组织一个或多个施工队组来进行施工。如何组织各施工队组的先后顺序和平行搭接施工,是组织施工中的一个基本问题。其施工组织方式可分为依次施工、平行施工和流水施工。

例 3-1

现有四幢同类型的房屋,其基础工程划分为基槽挖土、混凝土垫层、砖砌基础、回填土 4 个施工过程,每个施工过程安排一个施工队组进行一班制工作,其中,基槽挖土方工作队由 16 人组成,2 天完成;混凝土垫层工作队由 25 人组成,1 天完成;砖砌基础工作队由 20 人组成,3 天完成;回填土工作队由 9 人组成,1 天完成。按照依次施工、平行施工和流水施工 3 种方式组织施工,其特点和效果分析如下。

1. 依次施工

依次施工又称顺序施工,是将拟建工程对象分解成若干个施工过程,按施工工艺要求依次完成每一个施工过程;当前一个施工过程完成后,后一个施工过程才开始,依次类推,直至完成所有施工过程。它是一种最基本、最原始的施工组织方式。

(1)按幢(或施工段)依次施工。该方式是将一幢房屋基础工程的各施工过程完成后,再依次完成其他三幢房屋施工过程的组织方式,如图 3-1 所示。

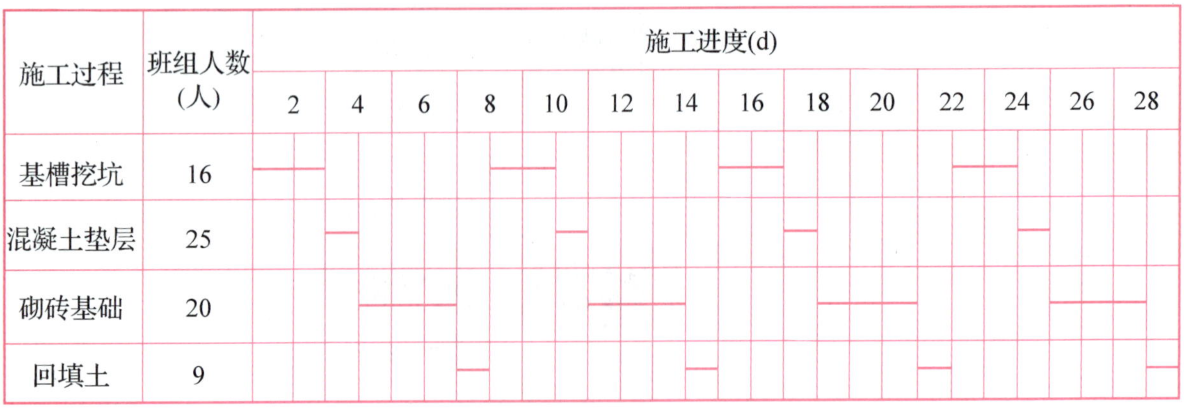

施工过程	班组人数(人)	施工进度(d)												
		2	4	6	8	10	12	14	16	18	20	22	24	26	28
基槽挖坑	16														
混凝土垫层	25														
砌砖基础	20														
回填土	9														

图 3-1　按幢(或施工段)依次施工

（2）按施工过程依次施工。先对四幢楼的基槽挖土进行施工，再对这四幢楼的混凝土垫层依次施工，依次类推，按施工过程依次施工组织方式，如图3-2所示。该方式完成四幢房屋所需的总时间与按幢（或施工段）依次施工的方式相同，但是每天所需的劳动力消耗不同。

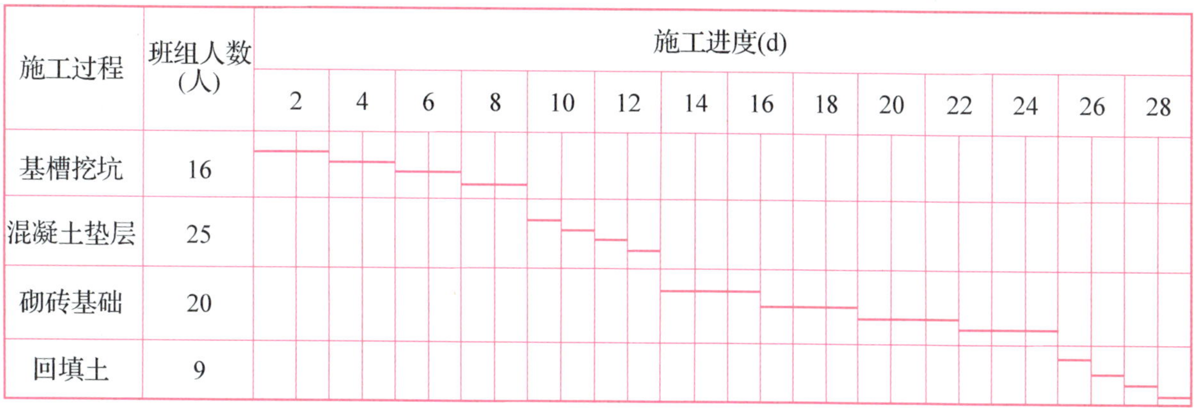

施工过程	班组人数（人）	施工进度(d)														
		2	4	6	8	10	12	14	16	18	20	22	24	26	28
基槽挖坑	16														
混凝土垫层	25														
砌砖基础	20														
回填土	9														

图3-2　按施工过程依次施工

由图3-1和图3-2可知：完成整个施工任务需要28天。

依次施工的优点：每天投入的劳动力较少，机具、设备使用不是很集中，材料供应比较单一，施工现场管理简单，便于组织和安排。

依次施工的缺点：由于工作面不能充分利用，故工期长；各队组施工及材料供应无法保持连续和均衡，工人有窝工的情况；施工过程依次施工时，各施工队组虽能连续施工，但不能充分利用工作面，工期长，且不能及时为上部结构提供工作面，不利于提高工程质量和劳动生产率。由此可见，采用依次施工不但工期较长，而且在组织安排上也不完全合理。

依次施工适用于工程规模较小、施工工作面有限的工程项目。

2. 平行施工

平行施工是将拟建工程各施工对象的同类施工过程，组织几个工作队，在同一时间、不同的空间，同时开工、同时完成同样的施工任务的施工组织方式，如图3-3所示。

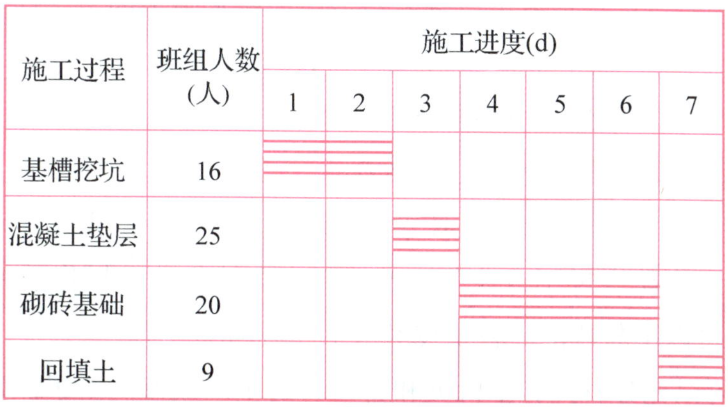

施工过程	班组人数（人）	施工进度(d)						
		1	2	3	4	5	6	7
基槽挖坑	16							
混凝土垫层	25							
砌砖基础	20							
回填土	9							

图3-3　平行施工

施工过程

由图 3-3 可知：完成整个施工任务需要 7 天。

平行施工的特点：采用平行施工组织方式可以充分利用工作面，使完成工程任务的时间最短；但单位时间内投入施工的劳动力、材料和机具数量成倍增长，不利于资源供应的组织工作，增加了施工管理的难度，如果组织安排不当，容易出现窝工的现象，且个别资源使用不均衡。

平行施工一般适用于工期要求紧、工作面允许及资源保证供应的工程。

3. 流水施工

流水施工是组织施工的一种科学方法，是工程建设中组织施工最常用的方法之一。流水施工是将拟建工程项目中的每一个施工对象分解为若干个施工过程，并按照施工过程成立相应的专业工作队，各专业按照施工顺序依次完成各个施工对象的施工过程，同时保证施工在时间和空间上连续、均衡、有节奏地进行，使相邻两个专业队能最大限度地搭接作业。如图 3-4 所示。

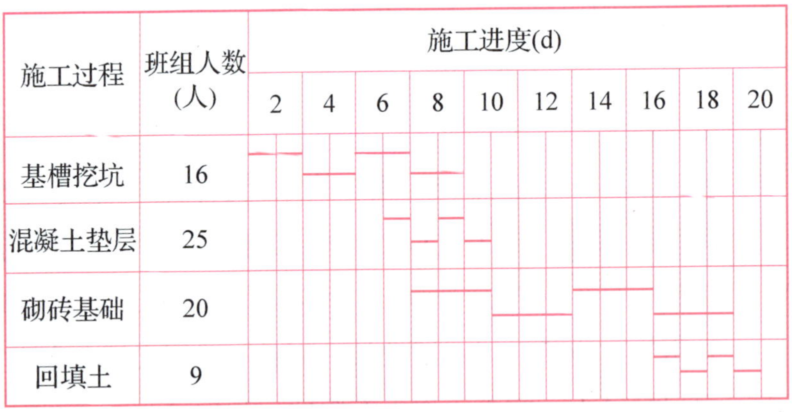

流水施工

图 3-4 流水施工

由图 3-4 可知：完成整个施工任务需要 20 天。

流水施工的特点如下。

（1）施工工期较短，可以尽早发挥投资效益。由于流水施工的节奏性、连续性，可以加快各专业队的施工进度，减少时间间隔。特别是相邻专业队在开工时间上可以最大限度地进行搭接，充分地利用工作面，做到尽可能早地开始工作，从而达到缩短工期的目的，使工程尽快交付使用或投产，尽早取得经济效益和社会效益。

（2）实现专业化生产，可以提高施工技术水平和劳动生产率。由于流水施工方式建立了合理的劳动组织，使各工作队实现了专业化生产，工人连续作业，操作熟练，便于不断改进操作方法和施工机具，可以不断地提高施工技术水平和劳动生产率。

（3）连续施工，可以充分发挥施工机械和劳动力的生产效率。由于流水施工组织合理，工人连续作业，没有窝工现象，机械闲置时间少，增加了有效劳动时间，从而使施工机械和劳动力的生产效率得以充分发挥。

（4）提高工程质量，可以增加建设工程的使用寿命，节约使用过程中的维修费用。由于流水施工实现了专业化生产，工人技术水平高；而且各专业队之间紧密地搭接作业，互相监督，可以使工程质量得到提高，因而可以延长建设工程的使用寿命，同时可以减少建设工程在使用过程中的维修费用。

（5）降低工程成本，可以提高承包单位的经济效益。由于流水施工资源消耗均衡，便于组织资源供应，使得资源储存合理，利用充分，可以减少各种不必要的损失，节约材料费；由于流水施工生产效率高，可以节约人工费和机械使用费；由于流水施工降低了施工高峰人数，使材料、设备得到合理供应，可以减少临时设施工程费；由于流水施工工期较短，可以减少企业管理费。工程成本的降低，可以提高承包单位的经济效益。

3.1.2 流水施工表达方式

流水施工的表达方式除了网络图外，主要有两种，即横道图和垂直图。

1. 流水施工的横道图表示法

某基础工程流水施工的横道图表达形式如图 3-5 所示。图中的横坐标表示流水施工的持续时间；纵坐标表示施工过程的名称或编号。n 条带有编号的水平线段表示 n 个施工过程或专业工作队的施工进度安排，其编号①、②、③……表示不同的施工段。

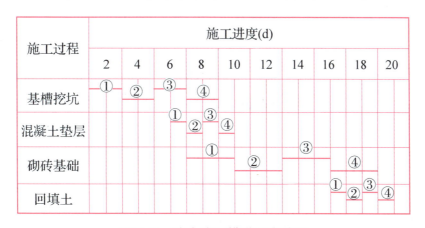

图 3-5 流水施工横道图表达法

横道图表示法的优点是：绘图简单，施工过程及其先后顺序表达清楚，时间和空间状况形象直观，使用方便等，因而被广泛用来表达施工进度计划。

2. 流水施工的垂直图表示法

垂直图是将横道图中的工作进度线改为斜线表达的一种形式。某基础工程流水施工的垂直图表达形式如图 3-6 所示。图中的横坐标表示流水施工的持续时间；纵坐标表示流水施工所处的空间位置，即施工段的编号。n 条斜向线段表示 n 个施工过程或专业工作队的施工进度。

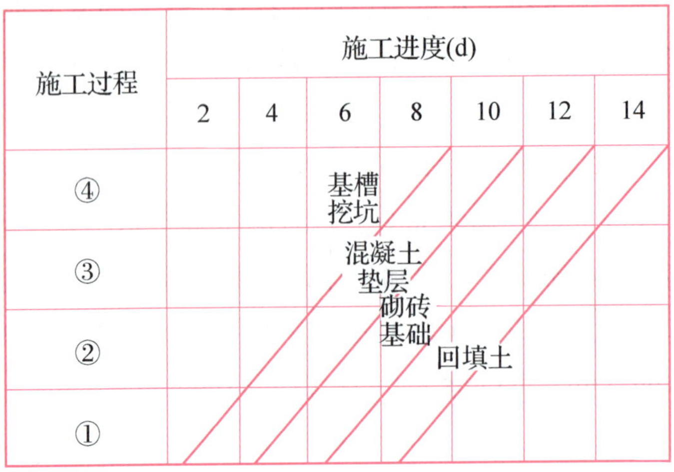

施工过程	施工进度(d)						
	2	4	6	8	10	12	14
④				基槽挖坑			
③				混凝土垫层	砌砖基础		
②						回填土	
①							

图 3-6　流水施工垂直图表达法

垂直图表示法的优点是：施工过程及其先后顺序表达清楚，时间和空间状况形象直观，斜向进度线的斜率可以直观地表示出各施工过程的进展速度，但编制实际工程进度计划不如横道图方便。

3.2　流水施工主要参数

流水施工参数是指组织流水施工时，用来描述工艺流程、空间布置和时间安排等方面的状态参数，包括工艺参数、空间参数和时间参数。

3.2.1　工艺参数

工艺参数主要是指在组织流水施工时，用以表达流水施工在施工工艺方面进展状态的参数，通常包括施工过程和流水强度两个参数。

1. 施工过程

施工过程是指某一施工对象从开始到完成所经历的全过程的统称，施工过程所划分的粗细程度由实际需要而定，当编制控制性施工进度计划时，组织流水施工的施工过程可以划分得粗一些，施工过程可以是单位工程或单项工程，也可以是分部工程。当编制实施性施工进度计划时，施工过程可以划分得细一些，可以是分项工程，甚至是将分项工程按照专业工种不同分解而成的施工工序。

施工过程的数目一般用 n 表示。施工过程是流水施工的基本参数之一。根据其性质和特点不同，一般将施工过程分为3类，即建造类施工过程、运输类施工过程和制备类施工过程。

(1)建造类施工过程。建造类施工过程是指地下工程、主体工程、结构工程、安装工程、屋面工程、装饰工程等形成的施工过程，是建设工程施工中占有主导地位的施工过程。

(2)运输类施工过程。运输类施工过程是指将建筑材料、构配件、半成品、制品和设备等运到施工现场仓库、堆场或现场操作地点而形成的施工过程。

(3)制备类施工过程。制备类施工过程是指为了提高建筑产品的装配化、工厂化、机械化和生产能力而形成的施工过程，如砂浆、混凝土、混凝土构件、制品和门窗框扇等制备过程。

施工过程数的确定要适当，若太多、太细，会给计算增添麻烦，使施工进度计划主次不分。若太少，又会使施工进度过于笼统，失去指导施工的作用。

2. 流水强度

流水强度是指流水施工的某施工过程(队)在单位时间内所完成的工作量，也称为流水能力或生产能力。流水强度一般用 V_i 表示。

流水强度可用公式(3.2.1)计算求得：

$$V_i = \sum_{i=1}^{x} R_i \times S_i \tag{3.2.1}$$

式中：V_i——某施工过程(队)的流水强度。

R_i——投入该施工过程中的第 i 种资源量(施工机械台班或人工数)。

S_i——投入该施工过程中第 i 种资源的产量定额。

x——投入该施工过程中的资源种类数。

3.2.2 空间参数

空间参数是指在组织流水施工时，用以表达流水施工在空间布置上所处状态的参数。空间参数主要有工作面、施工段和施工层数。

1. 工作面

工作面是指某专业工种的工人或某种施工机械进行施工活动的空间。工作面的大小，表明能安排施工人数或机械台数的多少。每个作业工人或每台施工机械所需工作面的大小，取决于单位时间内完成工程量和安全施工的要求。工作面确定的合理与否，直接影响专业工作队的生产效率。主要工种工作面参考数据见表3-1。

表 3-1　主要工种工作面参考数据

工作项目	每个技工的工作面	说明
砖基础	7.6m/人	以1砖半计，2砖乘以0.8，3砖乘以0.55
砌砖墙	8.5m/人	以1砖计，1砖半砖乘以0.71，3砖乘以0.55
混凝土柱、墙基础	8m³/人	机拌、机捣
混凝土设备基础	7m³/人	机拌、机捣
现浇钢筋混凝土柱	2.45m³/人	机拌、机捣
现浇钢筋混凝土梁	3.2m³/人	机拌、机捣
现浇钢筋混凝土墙	5m³/人	机拌、机捣
现浇钢筋混凝土楼板	5.3m³/人	机拌、机捣
预制钢筋混凝土柱	3.6m³/人	机拌、机捣
预制钢筋混凝土梁	3.6m³/人	机拌、机捣
预制钢筋混凝土屋架	2.7m³/人	机拌、机捣
混凝土地坪及面层	40m²/人	机拌、机捣
外墙抹灰	16m²/人	—
内墙抹灰	18.5m²/人	—
卷材屋面	18.5m²/人	—
防水水泥砂浆屋面	16m²/人	—
门窗安置	11m²/人	—

2. 施工段

将施工对象在平面或空间上划分成若干个劳动量大致相等的施工段落，称为施工段或流水段。施工段数一般用 m 表示，它是流水施工的主要参数之一。

（1）划分施工段的目的。划分施工段的目的是组织流水施工，使不同专业施工队在不同工作面上能同时工作，能够使各施工班组在一定时间内转移到另外一个施工段进行连续施工，这样就消除了各工种之间的等待时间，避免了窝工现象的发生。

（2）划分施工段的原则。由于施工段内的施工任务由专业工作队依次完成，因而在两个施工段之间容易形成一个施工缝。同时，由于施工段数量的多少直接影响流水施工的效果，为使施工段划分得合理，一般应遵循以下原则。

①保证各施工班组连续、均衡施工。在划分时，主要专业工种在各个施工段所消耗的劳动量要大致相等，相差幅度不宜超过10%~15%。

②要有足够的工作面。在保证专业工作队劳动组合优化的前提下，施工段划分要满足专

3.2 流水施工主要参数

业工种对工作面的要求。

③保证结构的整体完整性。以主导施工过程为依据划分，在不破坏结构力学性能的前提下，施工段分界线应尽可能与结构自然界线相吻合，如伸缩缝、沉降缝、单元分界处或门窗洞口处。

④施工段的数目要合理。为便于组织流水施工，施工段数目的多少应与施工过程相协调，施工段过多，会增加施工持续时间，延长工期；施工段过少，引入劳动力、机械材料供应过分集中，会造成窝工、断流现象，不利于充分利用工作面。

⑤当组织多层或高层主体结构工程流水施工时，为确保主导施工过程的施工队组在层间也能保持连续施工，每层施工段数目应大于或等于其施工过程数。

3. 施工层

施工层是指为组织多层建筑的竖向流水施工，将建筑物划分为在垂直方向上的若干区段，用 r 来表示施工层的数目。

3.2.3 时间参数

时间参数是指在组织流水施工时，用以表达流水施工在时间安排上所处状态的参数，主要包括流水节拍、流水步距和流水施工工期等。

1. 流水节拍

流水节拍是指组织流水施工时，某一专业工作队在一个施工段的施工时间。通常用 t_i 表示（i 代表施工过程的编号或代号）。

流水节拍是流水施工的主要参数之一，表明流水施工的速度和节奏性。流水节拍小，其流水速度快，节奏感强；反之则相反。流水节拍决定着单位时间的资源供应量，同时，流水节拍也是区别流水施工组织方式的特征参数。

(1) 流水节拍的计算。流水节拍主要的计算方法有定额计算法、经验估算法和工期推算法。

①定额计算法。定额计算法是根据各施工段的工程量和投入的资源（专业施工班组的人数、主导施工机械的台数等）来确定的。当已有定额标准时，可按公式(3.2.2)计算。

$$t_i = \frac{Q_i}{S_i R_i N_i} = \frac{P_i}{R_i N_i} = \frac{Q_i H_i}{R_i N_i} \tag{3.2.2}$$

式中：t_i——流水节拍。

Q_i——某施工过程在一个施工段上的工程量。

R_i——某施工过程的专业工作队人数或机械台班数。

N_i——某施工过程的专业工作队每天工作班次。

S_i——某施工过程人工或机械的产量定额。

H_i——某施工过程人工或机械的时间定额。

P_i——某施工过程在施工段上的劳动量(工日或台班)。

②经验估算法。对于采用新结构、新工艺、新方法和新材料等没有定额可循的工程项目，可以根据以往的施工经验估算流水节拍。可按公式(3.2.3)计算。

$$t_i = \frac{a_i + 4c_i + b_i}{6} \tag{3.2.3}$$

③工期推算法。在编制施工组织进度计划中，一般以定额计算法为主，以工期推算法来控制进度。可按公式(3.2.4)计算。

$$t_i = \frac{T}{(M + N - 1)} \tag{3.2.4}$$

(2)确定流水节拍时应注意的问题。

①施工队组的人数应符合该施工过程最少劳动组合人数的要求和工作面对人数的限制条件。

②要考虑各种机械台班的效率或机械台班产量的大小。

③要考虑施工现场对各种材料、构配件等的施工现场堆放容量、供应能力及其他因素的制约。

④满足施工技术条件的要求。

⑤流水节拍值一般取整数天，必要时可考虑半个工作班次的整数倍。

2. 流水步距

流水步距是指组织流水施工时，相邻两个施工过程(或专业工作队)相继开始施工的最小间隔时间。它是流水施工的主要参数之一。流水步距一般用 $K_{i,i+1}$ 来表示专业工作队投入第 i 个和第 $i+1$ 个施工过程之间的流水步距。流水步距的数目取决于参加流水的施工过程数。如果施工过程数为 n 个，则流水步距的总数为 $n+1$ 个。

流水步距的大小取决于相邻两个施工过程(或专业工作队)在各个施工段上的流水节拍及流水施工的组织方式。确定流水步距时，一般要满足以下基本条件。

(1)流水步距要满足相邻两个专业工作队在施工顺序上的制约关系。

(2)流水步距要保证相邻两个专业工作队在各施工段上能够连续作业。

(3)流水步距要保证相邻两个专业工作队在开工时间上实现最大限度和最合理的搭接。

3. 流水施工工期

流水施工工期是指从第一个专业工作队投入流水施工开始，到最后一个专业工作队完成流水施工为止的整个持续时间。由于一项建设工程往往包含许多流水组，故流水施工工期一般均不是整个工程的总工期,一般工期用 T 表示。

4. 间歇时间

间歇时间是指在组织流水施工时,由于施工过程之间工艺或组织上的需要,相邻两个施工过程在时间上不能衔接施工而必须留出的时间间隔。

根据原因的不同,分为技术间歇时间和组织间歇时间。

技术间歇时间是指在流水施工中,某些施工过程完成后要有合理的工艺间隔时间,一般用 t_g 表示。技术间歇时间与材料的性质和施工方法有关。

组织间歇时间是指在流水施工中,某些施工过程完成后要有必要的检查验收时间或为下一个施工过程做准备的时间,一般用 t_z 表示。

5. 平行搭接时间

为了缩短工期,在工作面允许的情况下,有时在同一施工段中,当前一个专业施工队完成部分施工任务后,后一个专业工作队可以提前进入,两者形成平行搭接施工,后一个专业工作队提前进入前一个施工段的时间间隔即为搭接时间,一般用 t_d 表示。

3.3 流水施工组织方式

在流水施工中,由于流水节拍的规律不同,决定了流水步距、流水施工工期的计算方法等也不同,甚至影响到各个流水过程的专业工作队数目。按照流水节拍的特征,可将流水施工分为两大类,即有节奏流水施工和无节奏流水施工。

有节奏流水施工是指在组织流水施工时,每一个施工过程在各个施工段上的流水节拍都各自相等的流水施工,它分为等节奏流水施工和异节奏流水施工(图3-7)。

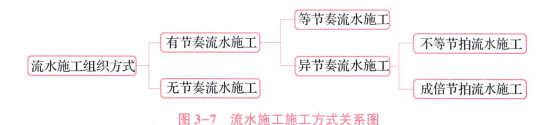

图3-7 流水施工施工方式关系图

3.3.1 等节奏流水施工

等节奏流水施工是指在有节奏流水施工中，各施工过程的流水节拍都相等的流水施工，也称为固定节拍流水施工或全等节拍流水施工。

等节奏流水施工是一种最理想的流水施工方式，一般只适用于施工对象结构简单、工程规模小、施工过程不多的房屋和线性工程，如管道工程、道路工程等。

1. 等节奏流水施工的特点

（1）所有施工过程在各个施工段上的流水节拍均相等。

（2）相邻施工过程的流水步距相等，且等于流水节拍。

（3）专业工作对数等于施工过程数，即每一个施工过程成立一个专业工作队，由该队完成响应施工过程所有施工段上的任务。

（4）各个专业工作队在各施工段上能够连续作业，施工段之间没有空闲时间。

2. 等节奏流水施工的工期

等节奏流水施工的工期计算分为两种情况，即不分施工层和分施工层。

（1）不分施工层。

$$T = (m + n - 1) \times t + \sum t_g + \sum t_z - \sum t_d \tag{3.3.1}$$

式中：T——流水施工工期。

t——流水节拍。

m——施工段数目。

n——施工过程数目。

$\sum t_g$——技术间歇时间总和。

$\sum t_z$——组织间歇时间总和。

$\sum t_d$——搭接时间总和。

例 3-1

某分部工程流水施工计划如图 3-8 所示，试计算工期。

解：因为流水节拍均相等，属于固定节拍流水施工。

①确定流水步距。

$$K = t = 3d$$

②计算工期。

$$\sum t_g = 1 \qquad \sum t_d = 1$$

3.3 流水施工组织方式

$$T = (m + n - 1) \times t + \sum t_g + \sum t_z - \sum t_d = (3 + 3 - 1) \times 3 + 1 - 1 = 15d$$

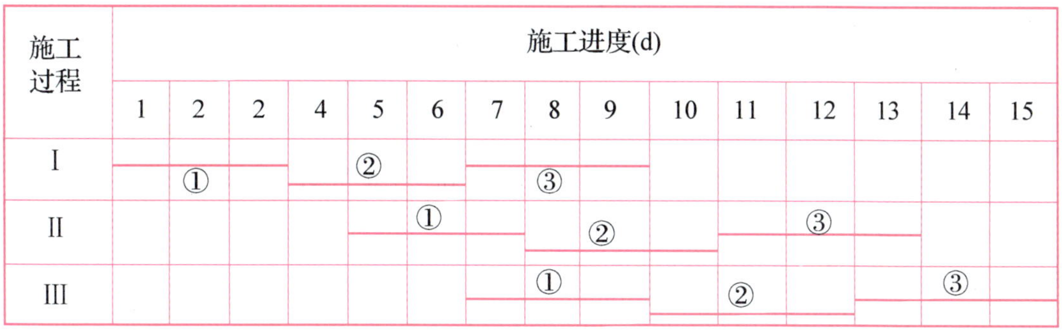

施工过程	施工进度(d)														
	1	2	3	4	5	6	7	8	9	10	11	12	13	14	15
Ⅰ	①			②			③								
Ⅱ				①			②				③				
Ⅲ							①			②			③		

图 3-8 流水施工进度计划

（2）分施工层。当等节奏流水施工不分施工层时，施工段数目按工程实际情况来划分；当分施工层进行流水施工时，为了保证专业施工队能连续施工而不产生窝工现象，施工段数目的最小值应满足相关要求。

①无技术间歇时间和组织间歇时间时，$m_{\min} = n$。

②有技术间歇时间和组织间歇时间时，为保证专业施工队能连续施工，应取 $m > n$，此时，每层空闲时间为：

$$(m - n) \times t = (m - n) \times K \tag{3.3.2}$$

若一个楼层内各施工过程间的技术间歇和组织间歇时间之和为 Z，楼层间的技术间歇和时间间歇之和为 C，为保证专业工作队能连续施工，则：

$$(m - n) \times K = Z + C \tag{3.3.3}$$

得出每层的施工段数目 $m_{\min}$ 应满足：

$$m_{\min} = n + \frac{Z + C - \sum t_d}{K} \tag{3.3.4}$$

式中：K——流水步距。

Z——施工层内各施工过程间的技术间歇时间和组织间歇时间之和。

C——施工层间的技术间歇时间和组织间歇时间之和。

如果每层的 Z 并不相等，各层间的 C 也不相等时，应取各层中最大的 Z 和 C：

$$m_{\min} = n + \frac{\max Z + \max C - \sum t_d}{K} \tag{3.3.5}$$

分施工层组织等节奏流水施工的流水施工工期：

$$T = (m \times r + n - 1) \times t + Z_1 - \sum t_d \tag{3.3.6}$$

式中：r——施工层数目。

Z_1——第一施工层内各施工过程间的技术间歇时间和组织间歇时间之和。

例 3-2

某分部工程流水施工计划如图 3-9 所示，试计算工期。

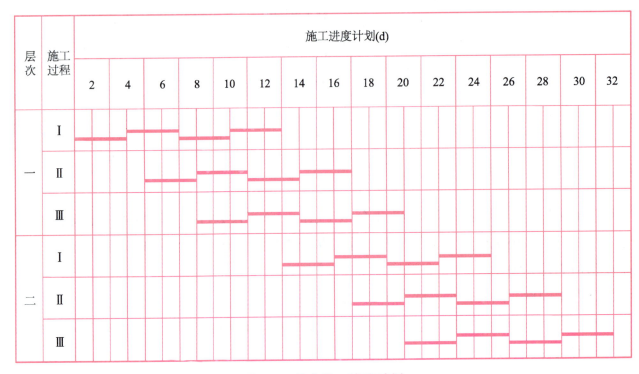

图 3-9 流水施工进度计划

解：因为流水节拍均相等，属于等节奏流水施工。

① 确定流水步距。

$$K = t = 3d$$

② 确定施工段数目。因分施工层组织流水施工，各施工层内各施工过程间的间歇时间之和为：$Z_1 = Z_2 = 1$

一、二层之间间歇时间为：$C = 2$

施工段数目最小值为：

$$m_{\min} = n + \frac{Z + C - \sum t_d}{K} = 3 + 3/3 = 4，取 m = 4$$

③ 计算工期。

$$T = (m \times r + n - 1) \times t + Z_1 - \sum t_d = (4 \times 2 + 3 - 1) \times 3 + 1 = 31d$$

3.3.2 异节奏流水施工

异节奏流水施工是指在有节奏流水施工中，各施工过程的流水节拍各自相等而不同施工过程之间的流水节拍不尽相等的流水施工。在组织异节奏流水施工时，又分为不等节拍流水施工和成倍节拍流水施工。

1. 不等节拍流水施工

不等节拍流水是指同一个施工过程在各施工段的流水节拍相等，不同的施工过程流水节拍既不相等也不成倍的流水施工方式。

(1)不等节拍流水施工的特点。

①同一施工过程在各个施工段上的流水节拍均相等，不同施工过程之间的流水节拍不尽相等。

②各施工过程之间的流水步距不尽相等。

③各个专业工作队在施工段上能够连续作业，施工段之间可能存在空闲时间。

(2)不等节拍流水施工主要参数的确定。

①流水步距的确定。

当 $t_i \leqslant t_{i+1}$ 时　　　　　　　$K_{i,i+1} = t_i$　　　　　　　　　　　　(3.3.7)

当 $t_i > t_{i+1}$ 时　　　　　　　$K_{i,i+1} = mt_i - (m-1)t_{i+1}$　　　　　　(3.3.8)

②确定计划总工期。

$$T = \sum K_{i,i+1} + T_n + \sum t_g + \sum t_z - \sum t_d \tag{3.3.9}$$

例 3-3

某工程流水施工进度计划如图 3-10 所示，试计算其流水施工工期。

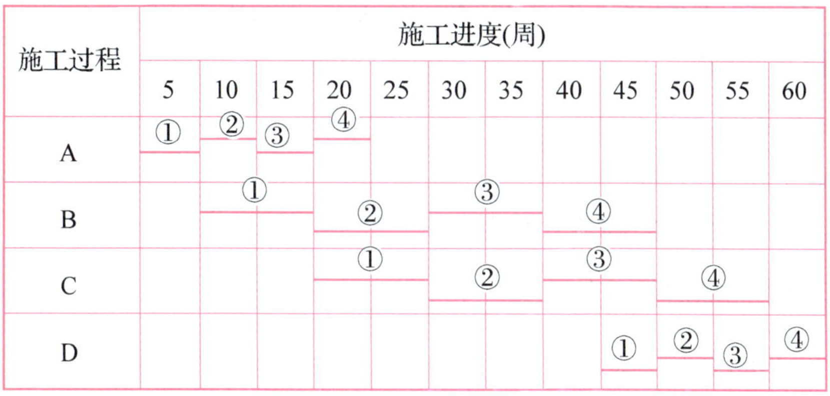

施工过程	施工进度(周)											
	5	10	15	20	25	30	35	40	45	50	55	60
A	①	②	③	④								
B			①		②		③		④			
C					①		②			④		
D									①	②	③	④

图 3-10　流水施工进度计划

解：由图 3-10 可知，如果按 4 个施工过程成立 4 个专业工作队组织流水施工，其总工期为：

$$T = (5 + 10 + 25) + 4 \times 5 = 60(周)$$

2. 成倍节拍流水施工

成倍节拍流水施工是指在组织异节奏流水施工时，按每个施工过程流水节拍之间的比例关系，成立相应数量的专业工作队而进行的流水施工，也称为等步距异节奏流水施工。

(1)成倍节拍流水施工的特点。

①同一施工过程在其各个施工段上的流水节拍均相等；不同施工过程的流水节拍不等，但其值为倍数关系。

②相邻施工过程的流水步距相等，且等于流水节拍的最大公约数。

③专业工作队数大于施工过程数，即有的施工过程只成立一个专业工作队，而对于流水节拍大的施工过程，可按其倍数增加相应专业工作队数目。

④各个专业工作队在施工段上能够连续作业，施工段之间没有空闲时间。

(2)成倍节拍流水施工主要参数的确定。

①专业工作队数目的确定。

$$b_j = \frac{t_j}{k} \tag{3.3.10}$$

式中：b_j——施工过程 j 的专业工作队数目。

t_j——施工过程 j 的流水节拍。

k——各专业工作队之间的流水步距，取最大公约数$\{t_1, t_2, \cdots, t_n\}$。

专业工作队总数目 n' 大于施工过程数 n：

$$n' = \sum_{j=1}^{n} b_j > n \tag{3.3.11}$$

②工期计算。

$$T = (m + n' - 1) \times k + \sum t_g + \sum t_z - \sum t_d \tag{3.3.12}$$

式中：T——流水施工工期。

m——施工段数目。

n'——专业工作队总数。

k——各专业工作队之间的流水步距。

$\sum t_g$——技术间歇时间总和。

$\sum t_z$——组织间歇时间总和。

$\sum t_d$——搭接时间总和。

例 3-4

某工程流水施工进度计划如图 3-11 所示，试计算其施工工期。

解：由图 3-11 可知，该工程按成倍节拍流水施工方式组织流水施工。

①确定流水步距。

$$k = 最大公约数\{4, 4, 2\}$$

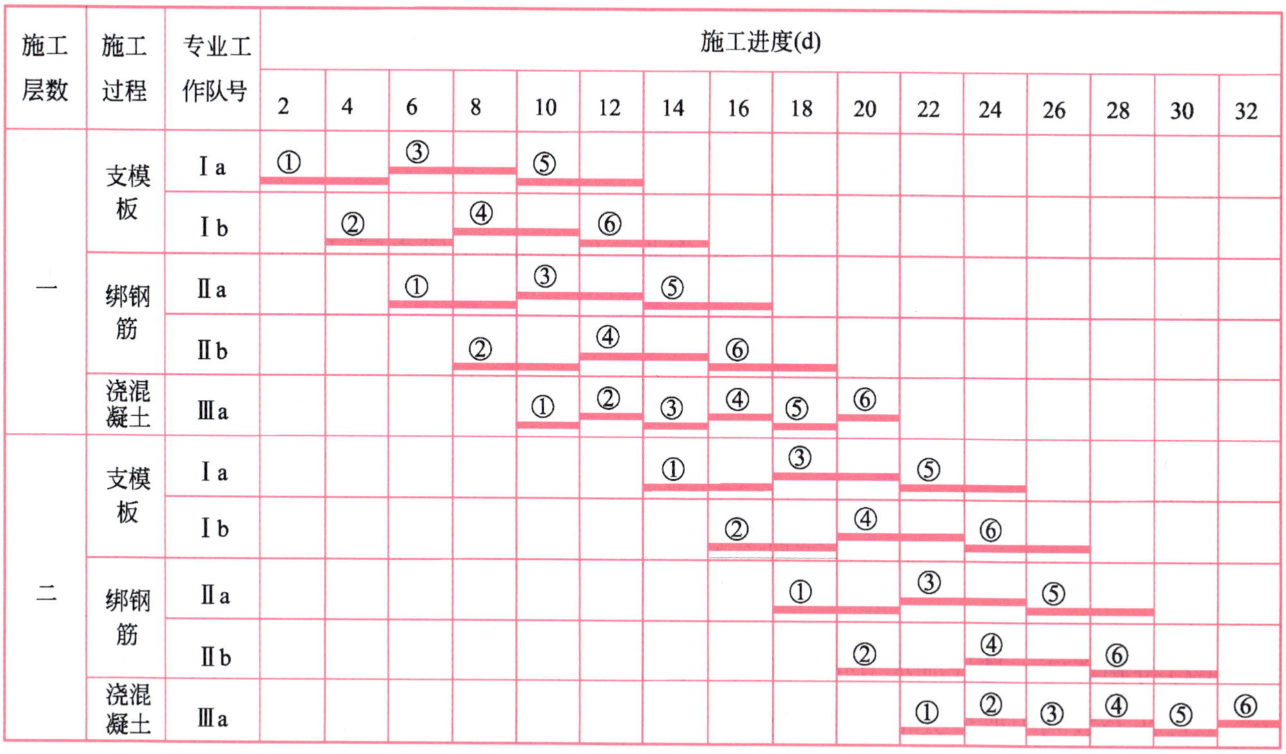

施工层数	施工过程	专业工作队号	施工进度(d)														
			2	4	6	8	10	12	14	16	18	20	22	24	26	28	30	32
一	支模板	Ⅰa	①		③		⑤											
		Ⅰb		②		④		⑥										
	绑钢筋	Ⅱa			①		③		⑤									
		Ⅱb				②		④		⑥								
	浇混凝土	Ⅲa					①	②	③	④	⑤	⑥						
二	支模板	Ⅰa								①		③		⑤				
		Ⅰb									②		④		⑥			
	绑钢筋	Ⅱa										①		③		⑤		
		Ⅱb											②		④		⑥	
	浇混凝土	Ⅲa												①	②	③	④	⑤	⑥

图 3-11 流水施工进度计划

② 计算专业工作队数目。

$$b_{支模} = 4/2 = 2(个)$$
$$b_{绑钢筋} = 4/2 = 2(个)$$
$$b_{浇砼} = 2/2 = 1(个)$$

③ 计算专业工作队总数目 n'。

$$n' = \sum_{j=1}^{3} 2 + 2 + 1 = 5$$

流水施工的分类及计算

④ 确定每层的施工段数目。

$$m_{\min} = n' + \frac{\max Z + \max C - \sum t_d}{K} = 5 + \frac{2}{2} = 6$$

⑤ 计算工期。

$$T = (m \times r + n' - 1) \times k = (6 \times 2 + 5 - 1) \times 2 = 32 \ (d)$$

3.3.3 无节奏流水施工

无节奏流水施工是指在组织流水施工时,全部或部分施工过程在各个施工段上的流水节拍不相等的流水施工。这种施工是流水施工中最常见的一种。

1. 无节奏流水施工的特点

(1) 各施工过程在各施工段的流水节拍不全相等。

(2) 相邻施工过程的流水步距不尽相等。

(3) 专业工作队数等于施工过程数。

(4) 各专业工作队能够在施工段上连续作业，但有的施工段之间可能有空闲时间。

2. 流水步距的确定

在无节奏流水施工中，常采用累加数列错位相减取最大差法计算流水步距。这种方法简捷、准确，便于掌握。

累加数列错位相减取最大差法的基本步骤如下。

(1) 对每一个施工过程在各施工段上的流水节拍依次累加，求得各施工过程流水节拍的累加数列。

(2) 将相邻施工过程流水节拍累加数列中的后者错后一位，相减后求得一个差数列。

(3) 在差数列中取最大值，即为这两个相邻施工过程的流水步距。

3. 流水施工工期的确定

流水施工工期可按公式(3.3.13)计算：

$$T = \sum K_{i,\,i+1} + T_n + \sum t_g + \sum t_z - \sum t_d \qquad (3.3.13)$$

例 3-5

某工程由 3 个施工过程组成，分为 4 个施工段进行流水施工，其流水节拍(d)见表 3-2，试计算流水步距。

表 3-2　某工程流水节拍表

施工过程	施工段			
	①	②	③	④
Ⅰ	2	3	2	1
Ⅱ	3	2	4	2
Ⅲ	3	4	2	2

解：

(1) 求各施工过程流水节拍的累加数列。

施工过程Ⅰ：2，5，7，8

施工过程Ⅱ：3，5，9，11

施工过程Ⅲ：3，7，9，11

(2)错位相减求得差数列。

Ⅰ与Ⅱ：2, 5, 7, 8
-)　　　3, 5, 9, 11
―――――――――――
　　2, 2, 2, -1, -11

Ⅱ与Ⅲ：3, 5, 9, 11
-)　　　3, 7, 9, 11
―――――――――――
　　3, 2, 2, 2, -11

(3)在差数列中取最大值求得流水步距。

施工过程Ⅰ与Ⅱ之间的流水步距：$K_{1,2} = \max[2, 2, 2, -1, -11] = 2$(天)

施工过程Ⅱ与Ⅲ之间的流水步距：$K_{2,3} = \max[3, 2, 2, 2, -11] = 3$(天)

(4)确定流水施工工期。

由于没有组织间歇、工艺间歇及提前插入，则其流水施工工期为：

$$T = (2+3) + (3+4+2+2) = 16(天)$$

3.4 流水施工应用实例

例 3-6

某四层办公楼，建筑面积为 1 600m²，基础为钢筋混凝土条形基础，基础部分劳动量和施工班组的人数见表 3-3。

表 3-3 基础部分劳动量和施工班组的人数

序号	分项名称	劳动量（工日）	施工班组人数（人）
1	基础挖土	188	24
2	混凝土垫层	12	24
3	基础模板及扎筋	80	10
4	基础浇筑混凝土	180	10
5	素基础墙基础	60	10
6	回填土	56	7

由表 3-3 可知，基础工程包括基础挖土、混凝土垫层、基础模板及扎筋、基础浇筑混凝土、素基础墙基础、回填土 6 个施工过程。考虑到混凝土垫层劳动量小，可与基础挖土合并为一个施工过程，基础浇筑混凝土和素基础墙基础是同一工种，合并为同一施工过程。

基础工程经过合并，共有4个施工过程，可组织等节奏流水，占地面积约400m²，将其划分为两个施工段。

1. 流水节拍

（1）基础挖土和混凝土垫层的劳动量之和为200工日，施工班组人数分别为24人，采用一班制，垫层完成后养护1d，其流水节拍为：

$$t_{挖} = \frac{200}{24 \times 2} = 4(\mathrm{d})$$

（2）基础模板及扎筋劳动量为80工日，施工班组人数为10人，采用一班制，其流水节拍为：

$$t_{扎} = \frac{80}{10 \times 2} = 4(\mathrm{d})$$

（3）基础浇筑混凝土及素基础墙劳动量为240工日，施工班组人数分别为10人，采用三班制，完成后需养护1d，其流水节拍为：

$$t_{混凝土} = \frac{240}{10 \times 2 \times 3} = 4(\mathrm{d})$$

（4）基础回填土劳动量为56工日，施工班组人数为7人，采用一班制，其流水节拍为：

$$t_{回} = \frac{56}{7 \times 2} = 4(\mathrm{d})$$

2. 流水工期

$$T = (m + n - 1) \times t + \sum t_g + \sum t_z - \sum t_d = (2 + 4 - 1) \times 4 + 1 + 1 = 22(\mathrm{d})$$

流水施工进度计划如图3-12所示。

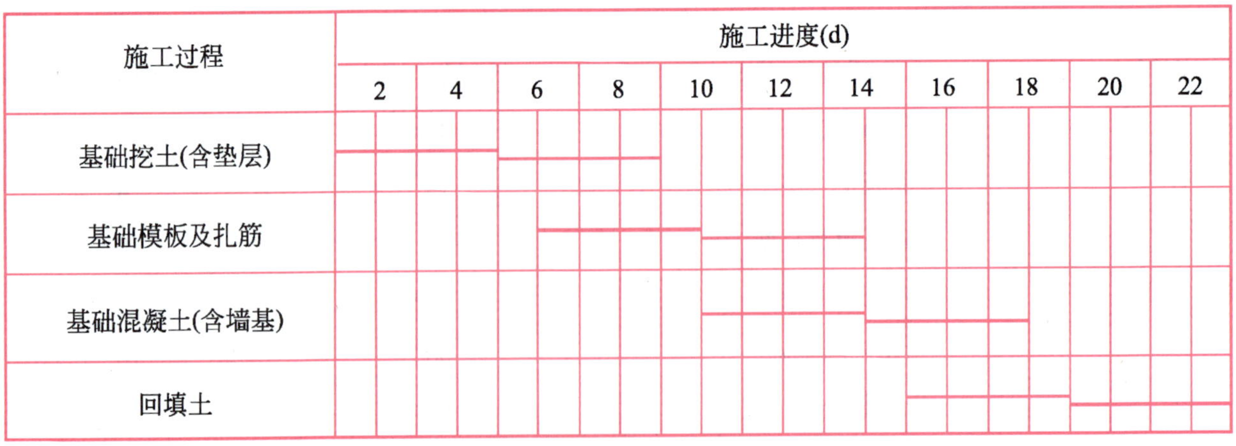

施工过程	施工进度(d)										
	2	4	6	8	10	12	14	16	18	20	22
基础挖土(含垫层)											
基础模板及扎筋											
基础混凝土(含墙基)											
回填土											

图3-12 流水施工进度计划

单元总结

本单元通过对依次施工、平行施工、流水施工3种组织方式进行比较,引出流水施工的概念。重点阐述了流水施工工艺参数、时间参数、空间参数的确定,结合实例对流水施工中3种常用的组织方式:等节奏流水施工、异节奏流水施工及无节奏流水施工在工程实践中的应用进行了分析。

习 题

一、填空题

1. 组织流水施工的方式有(   )、(   )、(   )。
2. 流水施工的基本参数有(   )、(   )、(   )。
3. 根据流水节奏的不同特征,可以把流水施工范围分为(   )、(   )两大类。
4. 在流水施工中,同一施工过程在各个施工段上的流水节拍均相等,称为(   )。

二、单选题

1. 流水施工横道图能够正确表达(   )。
   A. 工作之间的逻辑关系　　　　　　　B. 关键工作
   C. 关键线路　　　　　　　　　　　　D. 工作开始和完成时间
2. 工作面、施工层在流水施工中所表达的参数为(   )。
   A. 空间参数　　　B. 工艺参数　　　C. 时间参数　　　D. 施工参数
3. 组织节奏流水施工的前提是(   )。
   A. 各施工过程施工班组人数相等　　　B. 各施工过程的施工段数目相等
   C. 各流水组的工期相等　　　　　　　D. 各施工过程在各段的持续时间相等
4. 某工程由3个施工过程组成,现划分为4个施工过程,流水节拍均为3d,组织流水施工,该项目工期为(   )d。
   A. 21　　　　　　B. 18　　　　　　C. 24　　　　　　D. 20
5. 不属于无节奏流水施工特点的是(   )。

A. 所有施工过程在各施工段上的流水节拍均相等

B. 各施工过程的流水节拍不等，且无规律

C. 专业工作队数目等于施工过程数

D. 流水步距一般不等

三、计算题

1. 某工程划分为 A、B、C、D 4 个施工过程，每个施工过程分为 4 个施工段，流水节拍均为 2d，A、B 之间有 2d 的技术间歇时间，C、D 之间有 1d 的搭接时间，试组织等节奏流水施工。

2. 某工程分为 6 个施工段，划分 A、B、C 3 个施工过程，其流水节拍分为别为 t_1 = 3d，t_2 = 6d，t_3 = 9d。试组织成倍节拍流水施工，并绘制流水施工进度计划图。

3. 某工程分为 4 个施工段，划分 A、B、C 3 个施工过程，其流水节拍分为别为 t_1 = 3d，t_2 = 1d，t_3 = 4d。试组织异节奏流水施工，并绘制流水施工进度计划图。

单元 4

网络计划技术

教学目标

【知识目标】

1. 了解网络计划技术的概念、原理、特点。

2. 理解单代号搭接网络计划的基本概念、搭接关系及其表达方式、时间参数计算、逻辑关系分析；理解网络计划优化的目标、方法（工期优化、资源优化、费用优化）；理解网络计划的检查与调整。

3. 掌握双代号时标网络的绘图规则、时间参数计算、确定关键工作及关键线路；掌握双代号网络图的表达方式、绘图规则、时间参数计算（工作计算法、节点法），确定关键工作及关键线路；掌握单代号网络计划的绘图特点、绘图规则及时间参数计算。

【能力目标】

通过本课程的学习，学生应具备根据实际工程，绘制单代号、双代号网络图的能力，并且能够计算简单工程的时间参数，确定关键线路。

单 元 4　网络计划技术

思维导图

4.1　网络计划基本知识

网络计划技术是随着现代科学技术和工业生产的发展而产生的，是一种科学的计划管理方法。1965年，著名数学家华罗庚首先在我国的生产管理中推广和应用网络计划方法。目前，在工程建设项目中的规划、实施及控制等各个阶段，网络计划技术都发挥着重要作用，成为项目管理的核心技术和重要组成部分。

4.1.1 网络计划技术的基本原理

（1）利用网络图的形式表达工程计划方案中各项工作之间的相互关系和先后顺序。

（2）通过计算找出影响工期的关键工作和关键线路。

（3）通过不断改进网络计划，找寻最优方案并实施。

（4）计划实施工程中，采取有效措施对网络计划进行调整和控制，力求合理使用资源，高效、优质、低耗地完成任务。

4.1.2 网络图与网络计划

1. 网络图

网络图是由箭线和节点组成，用来表示工作流程的有向、有序的网状图形。一个网络图表示一项计划任务。网络图分为双代号网络图和单代号网络图。

2. 工作

工作又称工序、活动，它指可以独立存在，需要消耗一定时间和资源，能够定以名称的活动；或指表示某些活动之间的相互依赖、相互制约的关系，而不需要消耗时间、空间和资源的活动。

工作可以是单位工程，也可以是分部工程、分项工程，一个施工过程也可以作为一项工作。

3. 网络计划

网络计划是指用网络图表达任务构成、工作顺序并加注工作的时间参数而编制的进度计划。

4.1.3 网络计划的特点

（1）网络计划能够将项目中的各工作组成一个有机整体，全面而明确地反映各工作之间相互制约和依赖的关系。

（2）网络计划能够进行各种时间参数的计算。

（3）网络计划能够抓住项目中的关键工作重点控制，确保项目目标的实现。

(4)网络计划能够综合反映进度、投资(成本)、资源之间的关系,统筹全局进行计划管理。

(5)网络计划便于优化、调整,能够取得好、快、省的全面效果。

(6)网络计划能够利用计算机绘图、计算和动态管理。

网络计划的概念及分类

4.1.4　网络计划的作用

网络计划主要用来编制建设单位或施工企业的生产计划和工程施工的进度计划,并对计划进行优化、调整和控制,达到缩短工期、提高工效、降低成本、增加经济效益的目的。

4.1.5　网络计划的分类

网络计划根据不同的指标,划分为各种不同的类型。不同类型的网络计划在绘制、计算和优化等方面各有特点、各不相同。

1. 按网络计划目标分类

按照网络计划目标的多少,网络计划可以分为单目标网络计划和多目标网络计划。

(1)单目标网络计划。单目标网络计划是指只有一个最终目标的网络计划。

(2)多目标网络计划。多目标网络计划是指由若干个独立的最终目标与其相互有关工作组成的网络计划。

2. 按网络计划层次分类

根据计划工程对象不同和使用范围大小,网络计划可分为局部网络计划、单位工程网络计划和综合网络计划。

(1)局部网络计划。局部网络计划是指以一个分部工程或施工段为对象编制的网络计划。

(2)单位工程网络计划。单位工程网络计划是指以一个单位工程为对象编制的网络计划。

(3)综合网络计划。综合网络计划是指以一个建筑项目或建筑群为对象编制的网络计划。

3. 按有无时间坐标刻度分类

按有无时间坐标刻度,网络计划可以分为有时间坐标和无时间坐标两种形式。有时间坐标网络计划又称为时标网络计划。

时标网络计划是指在网络图上附有时间刻度的网络计划。

4. 按网络计划的表达方法分类

网络计划根据绘图符号的不同,可以分为双代号和单代号两种形式。

（1）双代号网络计划。双代号网络计划是指以箭线及其两端节点的编号表示工作的网络计划。

（2）单代号网络计划。单代号网络计划是指以节点及该节点的编号表示工作，以箭线表示工作之间逻辑关系的网络计划。

（3）双代号时标网络计划。双代号时标网络计划是指以时间坐标为单位尺度，表示箭线长度的双代号网络计划。

（4）单代号搭接网络计划。单代号网络计划中，前后工作之间可能有多种时距关系的肯定型网络计划。

4.2　双代号网络计划

4.2.1　双代号网络图的组成

双代号网络图又称为箭线式网络图，它是以箭线及其两端节点的编号表示工作，同时，节点表示工作的开始或结束以及工作之间的连接状态。其基本形式如图4-1所示。

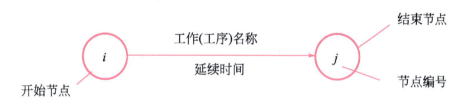

图4-1　双代号网络图的基本形式

1. 工艺关系和组织关系

（1）工艺关系。生产性工作之间由工艺过程决定的、非生产性工作之间由工作程序决定的先后顺序关系称为工艺关系。在图4-2中，支模1、扎筋1、浇筑1为工艺关系。

（2）组织关系。工作之间由于组织安排需要或资源调配需要而规定的先后顺序关系称为组织关系。在图4-2中，支模1、支模2、支模3为组织关系。

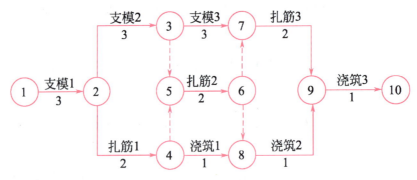

图 4-2 某混凝土工程双代号网络计划

2. 箭线

双代号网络图中一端带箭头的实线即为箭线。在双代号网络图中，它与其两端的节点表示一项工作。箭线表达的内容有以下几个方面。

（1）一根箭线表示一项工作或一个施工过程。根据网络计划的性质和作用的不同，工作既可以是一个简单的施工过程，如挖基坑等分项工程或者基础工程等分部工程；工作也可以是一项复杂的工程任务，如办公楼土建工程等单位工程或者办公楼工程等单项工程。如何确定一项工作的范围取决于所绘制的网络计划的作用。

（2）一根箭线表示一项工作所消耗的时间和资源，分别用数字标注在箭线的下方和上方。一般而言，每项工作的完成都要消耗一定的时间和资源，如绑扎钢筋、浇筑混凝土等；也存在只消耗时间而不消耗资源的工作，如混凝土养护等技术间歇，若单独考虑时，也应作为一项工作对待。

（3）在无时间坐标的网络图中，箭线的长度不代表时间的长短，画图时原则上是任意的，但必须满足网络图的绘制规则。在时标网络图中，其箭线的长度必须根据完成该项工作所需时间长度按比例绘制。

（4）箭线的方向表示工作进行的方向和前进的路线，箭尾表示工作的开始，箭头表示工作的结束。

（5）箭线可以画成直线、折线或斜线。必要时，箭线也可以画成曲线，应当以水平直线为主，一般不宜画成垂直线。

3. 节点

在网络图中箭线的出发和交汇处画上圆圈称为节点。双代号网络图中，节点标志着工作结束和开始的瞬间，具有承上启下的衔接作用，一项工作用其前后两个节点的编号表示。节点表达的内容有以下几个方面。

（1）节点表示前面工作结束和后面工作开始的瞬间，所以节点不消耗时间和资源。

（2）箭线的箭尾节点表示该工作的开始，箭头节点表示该工作的结束。

（3）根据节点在网络图中的位置不同可分为起点节点、终点节点和中间节点。起点节点是网络图中的第一个节点，表示一项任务的开始；终点节点是网络图的最后一个节点，表示一项任务的完成；除起点节点和终点节点以外的节点称为中间节点，中间节点既是前面工作的箭头节点，也是后面工作的箭尾节点。

（4）中间节点的进入箭线与发出箭线互为紧前紧后关系，一一对应。如图4-3所示，工作A为工作B的紧前工作，反之，工作B为工作A的紧后工作。当两项工作有相同的起点时，这两项工作为平行工作，如D、E为平行工作。

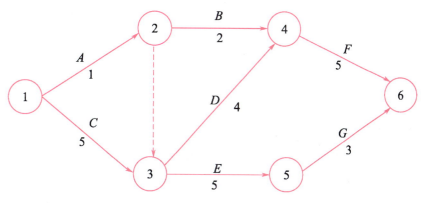

图4-3 某工程双代号网络计划

4. 节点编号

节点编号必须满足如下基本规则。

（1）箭头节点编号大于箭尾节点编号，因此，节点编号顺序是箭尾节点编号在前，箭头节点编号在后，凡是箭尾节点没有编号，箭头节点不能编号。

（2）在一个网络图中，所有节点不能出现重复编号，编号的号码可以按自然顺序进行，也可以非连续编号，以便适应网络计划调整中增加工作的需要，编号要留有余地。

5. 虚箭线

虚箭线又称虚工作，它表示一项虚拟工作，用带箭头的虚线表示。其工作是假设的，实际上是不存在的，因此其持续时间为零，如图4-3中的②-③。虚箭线在网络图中可起到联系、区分和断路的作用，主要用于双代号网络图中表达工作之间相互联系、相互制约的关系，以保证正确的逻辑关系。

6. 线路

在网络图中，从起点节点开始，沿箭线方向顺序通过一系列箭线与节点，最后到达终点节点所经过的通路叫作线路。如图4-3所示，从节点①开始到节点⑥结束，列表计算线路时间，结果见表4-1。

表 4-1 某工程线路时间

序号	线路	线路时间(d)
1	①→②→④→⑥	8
2	①→②→③→④→⑥	11
3	①→②→③→⑤→⑥	10
4	①→③→④→⑥	14
5	①→③→⑤→⑥	13

在各条线路中,有一条或几条线路的总时间最长,称为关键线路,一般用双线或粗线标注;其他线路长度均小于关键线路,称为非关键线路。关键线路对整个工程的完成起着决定性的作用。图 4-3 中的关键线路为①③⑤⑥。

处于关键线路上的工作称为关键工作,图 4-3 中关键工作为 C、E、G。关键工作完成的快慢将直接影响整个计划的工期。位于非关键线路上的工作除关键工作外,都称为非关键工作,它们都有机动时间(即时差);非关键工作也不是一成不变的,它可以转化为关键工作;利用非关键工作的机动时间可以科学地、合理地调配资源并对网络计划进行优化。

4.2.2 双代号网络图的绘制规则

1. 双代号网络图绘图规则

(1)双代号网络图应正确表达工作之间已定的逻辑关系。常见的几种逻辑关系的表达方式见表 4-2。

表 4-2 逻辑关系表达方式

序号	逻辑关系	双代号网络计划表示方法
1	A、B 工作依次完成	○—A→○—B→○
2	A、B、C 工作同时开始	A、B、C 分别从同一节点出发

续表

序号	逻辑关系	双代号网络计划表示方法
3	A、B、C 工作同时结束	
4	A 工作完成后，B、C 工作才能开始	
5	A、B 工作完成后，C 工作才能开始	
6	A、B 工作完成后，C、D 工作才能开始	
7	A 工作完成后，C 工作才能开始； A、B 工作完成后，D 工作才能开始	
8	A、B 工作完成后，C 工作才能开始； B、D 工作完成后，E 工作才能开始	

序号	逻辑关系	双代号网络计划表示方法
9	A、B、C 工作完成后，D 工作才能开始；B、C 工作完成后，E 工作才能开始	
10	A、B 两项工作分 3 个施工段，平行施工	

（2）双代号网络图中不得出现从一个节点出发，顺箭头方向又回到原出发点的循环回路。如果出现循环回路，会造成逻辑关系混乱，使工作无法按顺序进行。如图 4-4 所示。

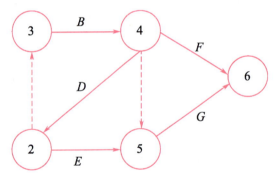

图 4-4 有循环回路的错误网络图

（3）双代号网络图中，不得出现带双向箭头或无箭头的连线，如图 4-5 所示。

图 4-5 箭线错误画法

（4）双代号网络图中，不得出现无箭头节点或无箭尾节点的箭线，如图 4-6 所示。

图 4-6 没有箭尾和箭头节点的箭线错误画法

(5)严禁在箭线上引入或引出箭线。但当网络图的起点节点有多条箭线引出或终点节点有多条箭线引入时,为使图形简洁,可用母线法绘图。如图4-7所示。

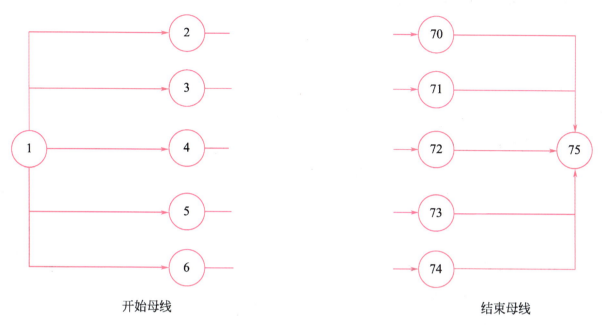

图 4-7 母线法

(6)应尽量避免网络图中工作箭线的交叉。当交叉不可避免时,可以采用过桥法或指向法处理。如图4-8所示。

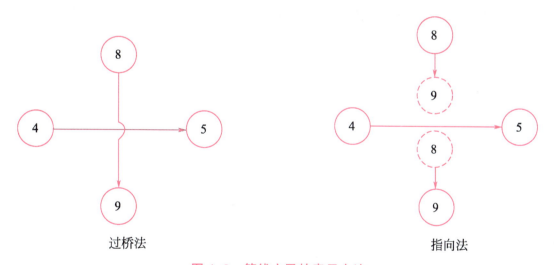

图 4-8 箭线交叉的表示方法

(7)网络图中应只有一个起点节点和一个终点节点。除网络图的起点节点和终点节点外,不允许出现没有外向箭线的节点和没有内向箭线的节点。

4.2.3 绘图方法与要求

1. 绘图步骤

（1）根据已知的紧前工作，确定出紧后工作，并自左至右先画出紧前工作，再画出紧后工作。

（2）若没有相同的紧后工作或只有相同的紧后工作，则没有虚箭线；若既有相同的紧后工作，又有不同的紧后工作，则肯定有虚箭线。

（3）检查网络图中各施工过程之间的逻辑关系。

2. 绘图要求

绘制双代号网络图时应注意以下几点。

（1）遵守绘图的基本规则。

（2）遵守工作之间的逻辑关系——工艺关系和组织关系。

（3）尽量减少不必要的箭线和节点。

（4）条理清楚，布局合理。

双代号网络图绘制基本规则

例 4-1

已知各工作之间的先后顺序及逻辑关系见表 4-3，试绘制起双代号网络图。

表 4-3 工作逻辑关系表

本工作	紧前工作	紧后工作
A	—	C、D、E
B	—	E
C	—	F
D	—	F、G
E	—	F、G
F	—	—
G	—	—

解析：绘图时要按照给定的逻辑关系逐步绘制，绘出草图后在做整理，最后进行节点编号。如图 4-9、图 4-10 所示。

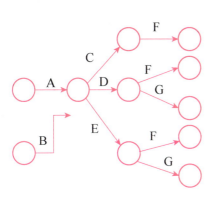

图 4-9 网络图草图

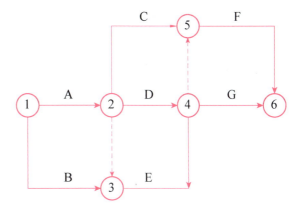

图 4-10 调整后的网络图

4.2.4 时间参数的计算

双代号网络计划时间参数的计算目的在于通过计算各项工作的时间参数，确定网络计划的关键工作、关键线路和计算工期，为网络计划的优化、调整和执行提供明确的时间参数。网络计划时间参数的计算应在各项工作的持续时间确定后进行。

1. 时间参数的基本概念

所谓时间参数，是指网络计划、工作及节点所具有的各种时间值。

(1) 工作持续时间。工作持续时间是指一项工作从开始到完成的时间。在双代号网络计划中，工作 $i-j$ 的持续时间用 D_{i-j} 表示。

(2) 工期。工期泛指完成一项任务所需要的时间。在网络计划中，工期一般有以下 3 种。

① 计算工期：根据网络计划时间参数计算出来的工期，用 T_c 表示。

② 要求工期：任务委托人所要求的工期，用 T_r 表示。

③ 计划工期：根据要求工期和计算工期所确定的作为实施目标的工期，用 T_p 表示。

网络计划的计划工期 T_p 应按以下两种情况分别确定。

① 当已规定了要求工期 T_r 时，$T_p < T_r$。

② 当未规定要求工期时，可令计划工期等于计算工期，$T_p = T_c$。

(3) 网络计划中的时间参数。除工作持续时间外，网络计划中工作的 6 个时间参数是最早开始时间、最早完成时间、最迟开始时间、最迟完成时间、总时差、自由时差。

① 最早开始时间和最早完成时间。最早开始时间（ES_{i-j}），是指各紧前工作全部完成后，工作 $i-j$ 有可能开始的最早时刻。最早完成时间（EF_{i-j}），是指各紧前工作全部完成后，工作 $i-j$ 有可能完成的最早时刻。

这类时间参数的实质是提出了紧后工作与紧前工作的关系，即紧后工作若提前开始，也不能提前到其紧前工作未完成之前。就整个网络图而言，受起点节点的控制。因此，其计算程序为：自起点节点开始，顺着箭线方向，用累加的方法计算到终点节点。

②最迟开始时间和最迟完成时间。最迟开始时间（LS_{i-j}）是指在不影响整个任务按期完成的前提下，工作必须开始的最迟时刻。最迟完成时间（LF_{i-j}）是指在不影响整个任务按期完成的前提下，工作必须完成的最迟时刻。

这类时间参数的实质是提出紧前工作与紧后工作的关系，即紧前工作要推迟开始，不能影响其紧后工作的按期完成。就整个网络图而言，受终点节点（即计算工期）的控制。因此，其计算程序为：自终点节点开始，逆着箭线方向，用累减的方法计算到起点节点。

③总时差和自由时差。总时差（TF_{i-j}）是指在不影响总工期的前提下，本工作可以利用的机动时间。自时差（FF_{i-j}）是指在不影响其紧后工作最早开始时间的前提下，本工作可以利用的机动时间。

2. 按工作计算法

按工作计算法，是以网络计划中的工作为对象，直接计算各项工作的时间参数。这些时间参数包括最早开始时间、最早完成时间、最迟开始时间、最迟完成时间、总时差、自由时差。此外，还应计算网络计划的计算工期。虚工作也必须视同工作进行计算，其持续时间为零。时间参数的计算结果应标注在箭线之上，如图4-11所示。

图4-11 时间参数标注形式

按工作计算法计算时间参数的过程如下。

（1）计算工作的最早开始时间和最早完成时间。工作最早开始时间和最早完成时间的计算应从网络计划的起点节点开始，顺着箭线方向依次进行。其计算步骤如下。

①以网络计划起点节点为开始节点的工作，当未规定其最早开始时间时，其最早开始时间为零。

②工作的最早完成时间可以利用公式（4.2.1）进行计算。

$$EF_{i-j} = ES_{i-j} + D_{i-j} \tag{4.2.1}$$

式中：ES_{i-j}——工作 $i-j$ 的最早开始时间。

EF_{i-j} ——工作 $i-j$ 的最早完成时间。

D_{i-j} ——工作 $i-j$ 的持续时间。

③其他工作的最早开始时间应等于其工作最早完成时间的最大值，即：

$$ES_{i-j} = \max\{EF_{h-i}\} = \max\{ES_{h-i} + D_{h-i}\} \qquad (4.2.2)$$

式中：ES_{i-j} ——工作 $i-j$ 的最早开始时间。

EF_{h-i} ——工作 $i-j$ 的紧前工作 $h-i$（非虚工作）的最早完成时间。

ES_{h-i} ——工作 $i-j$ 的紧前工作 $h-i$（非虚工作）的最早开始时间。

D_{h-i} ——工作 $i-j$ 的紧前工作 $h-i$（非虚工作）的持续时间。

④网络计划的计算工期应等于以网络计划终点节点为完成节点的工作的最早完成时间的最大值，即：

$$T_c = \max\{EF_{i-n}\} = \max\{ES_{i-n} + D_{i-n}\} \qquad (4.2.3)$$

式中：T_c ——网络计划的计算工期。

EF_{i-n} ——以网络计划终点节点 n 为完成节点的工作的最早完成时间。

ES_{i-n} ——以网络计划终点节点 n 为完成节点的工作的最早开始时间。

D_{i-n} ——以网络计划终点节点 n 为完成节点的工作的持续时间。

（2）确定网络计划的计划工期。

网络计划的计划工期 T_p 应按以下两种情况分别确定。

①当已规定了要求工期 T_r 时，$T_p < T_r$。

②当未规定要求工期时，可令计划工期等于计算工期，$T_p = T_c$。

（3）计算工作的最迟完成时间和最迟开始时间。工作最迟完成时间和最迟开始时间的计算应从网络计划的终点节点开始，逆着箭线方向依次进行。其计算步骤如下。

①以网络计划终点节点为完成节点的工作，其最迟完成时间等于网络计划的计划工期，即：

$$LF_{i-n} = T_p \qquad (4.2.4)$$

式中：T_p ——网络计划的计划工期。

LF_{i-n} ——以网络计划终点节点 n 为完成节点的工作的最迟完成时间。

②工作的最迟开始时间可利用公式(4.2.5)进行计算。

$$LS_{i-j} = LF_{i-j} - D_{i-j} \qquad (4.2.5)$$

式中：LS_{i-j} ——工作 $i-j$ 的最迟开始时间。

LF_{i-j} ——工作 $i-j$ 的最迟完成时间。

D_{i-j} ——工作 $i-j$ 的持续时间。

③其他工作的最迟完成时间应等于其紧后工作最迟开始时间的最小值，即：

$$LF_{i-j} = \min\{LS_{j-k}\} = \min\{LF_{j-k} + D_{j-k}\} \tag{4.2.6}$$

式中：LF_{i-j}——工作 $i-j$ 的最迟完成时间。

LS_{j-k}——工作 $i-j$ 的紧后工作 $j-k$（非虚工作）的最迟开始时间。

LF_{i-k}——工作 $i-j$ 的紧后工作 $j-k$（非虚工作）的最迟完成时间。

D_{j-k}——工作 $i-j$ 的紧后工作 $j-k$（非虚工作）的持续时间。

（4）计算工作的总时差。工作的总时差等于该工作最迟完成时间与最早完成时间之差，或该工作最迟开始时间与最早开始时间之差，即：

$$TF_{i-j} = LF_{i-j} - EF_{i-j} = LS_{i-j} - ES_{i-j} \tag{4.2.7}$$

式中：TF_{i-j}——工作 $i-j$ 的总时差。

（5）计算工作的自由时差。工作自由时差的计算应按以下两种情况分别考虑：

①对于有紧后工作的工作，其自由时差等于本工作之紧后工作最早开始时间减本工作最早完成时间所得之差的最小值，即：

$$FF_{i-j} = \min\{ES_{j-k} - EF_{i-j}\} = \min\{ES_{j-k} - ES_{i-j} - D_{i-j}\} \tag{4.2.8}$$

式中：FF_{i-j}——工作 $i-j$ 的自由时差。

②对于无紧后工作的工作，也就是以网络计划终点节点为完成节点的工作，其自由时差等于计划工期与本工作最早完成时间之差，即：

$$FF_{i-n} = T_p - EF_{i-n} = T_p - ES_{i-n} - D_{i-n} \tag{4.2.9}$$

式中：FF_{i-n}——以网络计划终点节点 n 为完成节点的工作 $i-n$ 的自由时差。

注：对于网络计划中以终点节点为完成节点的工作，其自由时差与总时差相等。此外，由于工作的自由时差是其总时差的构成部分，所以，当工作的总时差为零时，其自由时差必然为零。

（6）确定关键工作和关键线路。在网络计划中，总时差最小的工作为关键工作。当网络计划的计划工期等于计算工期时，总时差为零的工作就是关键工作。

找出关键工作之后，将这些关键工作首尾相连，便构成从起点节点到终点节点的通路，位于该通路上各项工作的持续时间总和最大，这条通路就是关键线路，在关键线路上可能有虚工作的存在。

在上述计算过程中，是将每项工作的 6 个时间参数均标注在途中，故称为六时标注法。某工程双代号网络计划如图 4-12 所示。

4.2 双代号网络计划

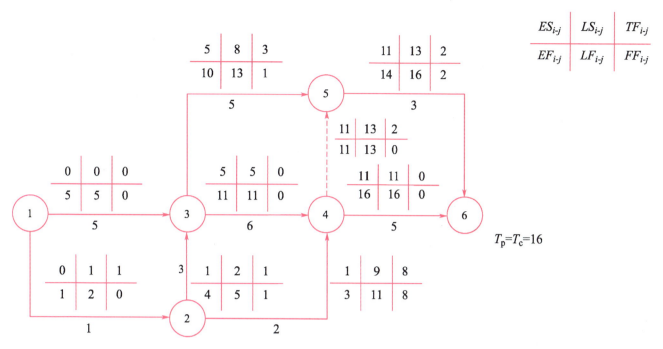

图 4-12　某工程双代号网络图六时标注法

3. 按节点计算法

节点计算法是指先计算网络计划中各个节点的最早时间和最迟时间，然后再据此计算各项工作的时间参数和网络计划的计算工期。时间参数的计算结果应标注在节点之上，如图 4-13 所示。

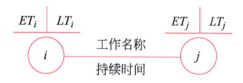

图 4-13　时间参数标注形式

按节点计算法计算时间参数的过程如下。

（1）计算节点的最早时间。计算节点的最早时间应从网络计划的起点节点开始，顺着箭线方向依次进行。

①网络计划起点节点，如未规定最早时间时，其值等于零，即：

$$ET_i = 0 \, (i = 1) \tag{4.2.10}$$

②其他节点的最早时间按（4.2.11）计算。

$$ET_j = \max\{ET_i + D_{i-j}\} \tag{4.2.11}$$

式中：ET_j——工作 $i-j$ 的完成节点 j 的最早时间。

ET_i——工作 $i-j$ 的完成节点 i 的最早时间。

D_{i-j}——工作 $i-j$ 的持续时间。

③网络计划的计算工期等于网络计划终点节点的最早时间,即:

$$T_c = ET_n \tag{4.2.12}$$

(2)计算节点的最迟时间。节点最迟时间的计算应从网络计划的终点节点开始,逆着箭线方向依次进行。

①网络计划终点节点的最迟时间等于网络计划的计划工期,即:

$$LT_n = T_p \tag{4.2.13}$$

式中:LT_n——网络计划终点节点 n 的最迟时间。

T_p——网络计划的计划工期。

②其他节点的最迟时间应按(4.2.14)计算。

$$LT_i = \min\{LT_j - D_{i-j}\} \tag{4.2.14}$$

式中:LT_i——工作 $i-j$ 的完成节点 i 的最迟时间。

LT_j——工作 $i-j$ 的完成节点 j 的最早时间。

D_{i-j}——工作 $i-j$ 的持续时间。

(3)根据节点的最早时间和最迟时间判定工作的6个时间参数。

①工作的最早开始时间等于该工作开始节点的最早时间,即:

$$ES_{i-j} = ET_i \tag{4.2.15}$$

②工作的最早完成时间等于该工作开始节点的最早时间与其持续时间之和,即:

$$EF_{i-j} = ET_i + D_{i-j} \tag{4.2.16}$$

③工作的最迟完成时间等于该工作完成节点的最迟时间,即:

$$LF_{i-j} = LT_j \tag{4.2.17}$$

④工作的最迟开始时间等于该工作完成节点的最迟时间与其持续时间之差,即:

$$LS_{i-j} = LT_j - D_{i-j} \tag{4.2.18}$$

⑤工作的总时差等于该工作的完成节点的最迟时间减去该工作开始节点的最早时间再减去持续时间,即:

$$TF_{i-j} = LT_j - ET_i - D_{i-j} \tag{4.2.19}$$

⑥工作的自由时差等于该工作的完成节点最早时间减去该工作开始节点的最早时间再减去持续时间,即:

$$FF_{i-j} = ET_j - ET_i - D_{i-j} \tag{4.2.20}$$

(4)确定关键工作和关键线路。关键工作两端的节点必为关键节点,但两端为关键节点的工作不一定还为关键工作。关键节点的最迟时间与最早时间的差值最小。当网络计划的计划工期等于计算工期时,关键节点的最早时间与最迟时间必然相等。关键节点必然处在关键线路上,但由关键节点组成的线路不一定是关键线路。

某工程双代号网络计划如图4-14所示。

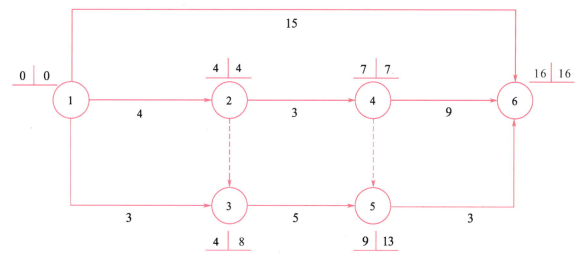

图 4-14 某工程双代号网络图节点法

4. 按标号计算法

标号法是一种快速寻求网络计划计算工期和关键线路的方法。它利用按节点计算法的原理，对网络计划中的每一个节点进行标号，然后利用标号值确定网络计划的计算工期和关键线路。

标号法的计算过程如下。

(1) 网络计划起点节点的标号值为零。

(2) 其他节点的标号值应根据公式 (4.2.21) 按节点编号从小到大的顺序逐个进行计算。

$$b_j = \max\{b_i + D_{i-j}\} \tag{4.2.21}$$

式中：b_j——工作 $i-j$ 的完成节点 j 的标号值。

b_i——工作 $i-j$ 的完成节点 i 的标号值。

D_{i-j}——工作 $i-j$ 的持续时间。

当计算出节点的标号值后，应用其标号值及其源节点对该节点进行双标号。源节点是用来确定本节点标号值的节点。如果源节点有多个，应将所有源节点标出。

(3) 网络计划的计算工期就是网络计划终点节点的标号值。

(4) 关键线路应从网络计划的终点节点开始，逆着箭线的方向按源节点确定。

某工程双代号网络计划如图 4-15 所示。

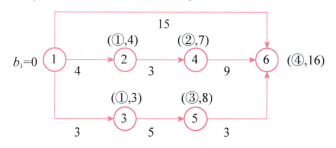

图 4-15 某工程双代号网络图标号法

4.3 单代号网络计划

4.3.1 单代号网络计划的绘制

单代号网络图是以节点及其编号表示工作，以箭线表示工作之间的逻辑关系的网络图，并在节点中加注工作代号、名称和持续时间，以形成单代号网络计划，如图4-16所示。单代号网络计划与双代号网络计划只是表现形式不同，所表达的内容则完全一样。

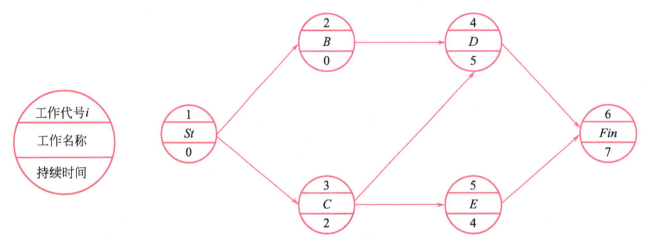

图4-16 单代号网络图的表达方式

单代号网络图绘图方便、图面简洁，不必增加虚箭线，因此产生逻辑错误的可能性较小，弥补了双代号网络图的不足，容易被非专业人员理解并易于修改。

1. 单代号网络图的组成

单代号网路图是由节点、箭线和线路3个基本要素组成。

（1）节点。单代号网络图中的每一个节点表示一项工作，节点宜用圆圈或矩形表示。节点所表示的工作名称、持续时间和工作代号等应标注在节点内，如图4-16所示。

单代号网络图中的节点必须编号。编号标注在节点内，其号码可间断，但严禁重复。箭线的箭尾节点编号应小于箭头节点的编号。一项工作必须有唯一的一个节点及相应的一个编号。

（2）箭线。单代号网络图中箭线表示紧邻工作之间的逻辑关系，既不占用时间也不消耗资源。箭线应画成水平直线、折线或斜线。箭线水平投影的方向应自左向右，表示工作的行进方向。在单代号网络图中没有虚箭线。

（3）线路。单代号网络图的线路同双代号网络图的线路的含义是相同的。

2. 单代号网络图的绘图规则

（1）单代号网络图应正确表达已定的逻辑关系，详见表4-4。

表4-4　单代号网络图各项工作之间逻辑关系的表示方法

序号	工作之间的逻辑关系	网络图中表示方法
1	工序 A 完成后，工序 B 才能开始	 A → B
2	工序 A 完成后，工序 B、C 才能开始	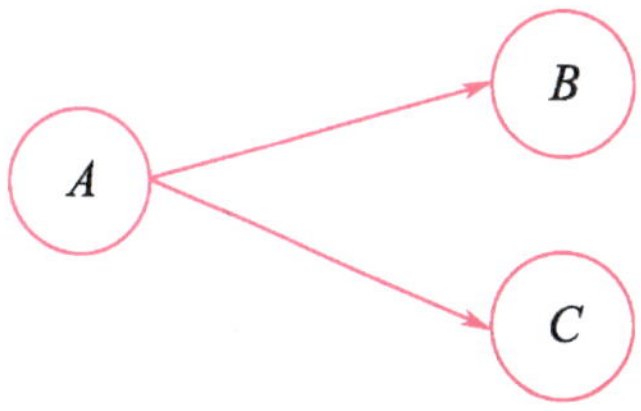 A → B；A → C
3	工序 A、B 完成后，工序 C 才能开始	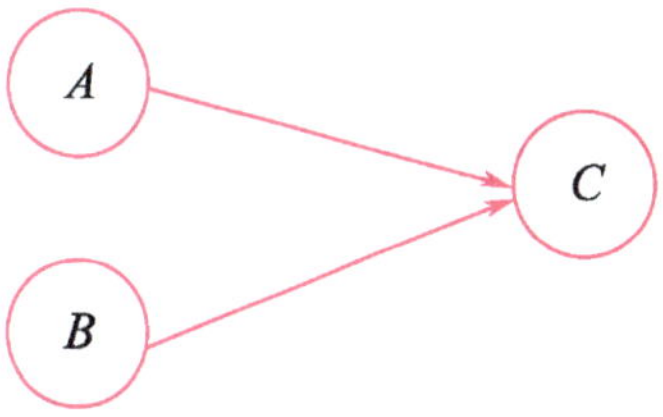 A → C；B → C
4	工序 A、B 完成后，工序 C、D 才能开始	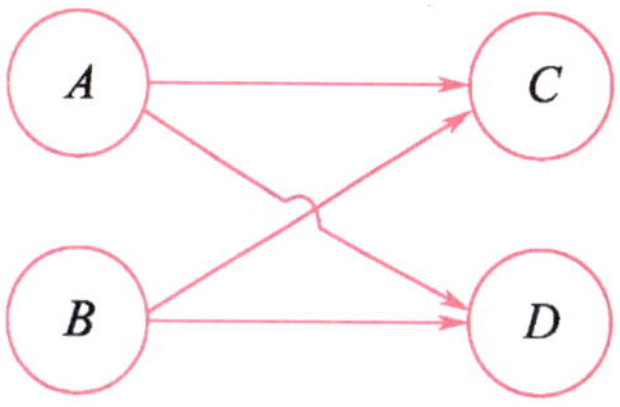 A → C，A → D；B → C，B → D
5	工序 A、B 完成后，工序 C 才能开始，且工序 B 完成后，工序 D 才能开始	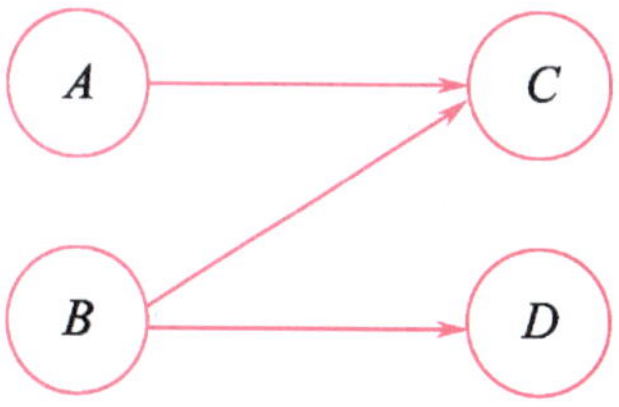 A → C；B → C；B → D

（2）单代号网络图中，不得出现回路。

（3）单代号网络图中，不得出现双向箭头或无箭头的连线。

（4）单代号网络图中，不得出现没有箭尾节点的箭线和没有箭头节点的箭线。

（5）绘制网络图时，箭线不宜交叉。当交叉不可避免时，可以采用过桥法或指向法。

（6）单代号网络图应只有一个起点节点和一个终点节点；当网络图中有多个起点节点或终点节点时，应在网络图的两端分别设置一个虚拟节点，作为该网络图的起点节点和终点节点。

例 4-2

根据表 4-5 中各项工作的逻辑关系，绘制单代号网络图。

表 4-5　某工程各项工作的逻辑关系

工作	A	B	C	D	E	F	G
紧后工作	C、D	D、E	F	F、G	—	—	—
持续时间	7	5	4	8	12	5	6

解： 绘制单代号网络图，如图 4-17 所示。

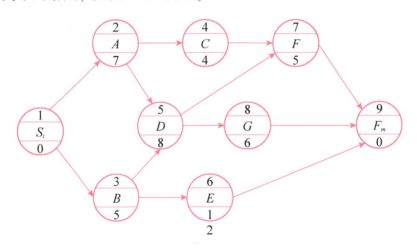

图 4-17　单代号网络图绘制

4.3.2　单代号网络计划时间参数的计算

单代号网络计划时间参数的计算应在确定各项工作持续时间之后进行。时间参数的计算顺序和计算方法基本上与双代号网络计划时间参数的计算相同。单代号网络计划时间参数的标注形式，如图 4-18 所示。

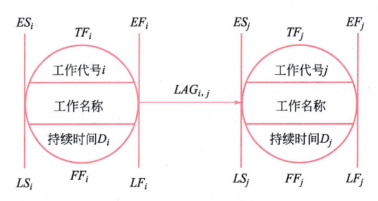

图 4-18　单代号网络图计划的标注形式

1. 单代号网络计划时间参数的计算方法

(1) 计算最早开始时间和最早完成时间。网络计划中各项工作的最早开始时间(ES_i)和最早完成时间(EF_i)的计算应从网络计划的起点节点开始,顺着箭线方向按节点编号从小到大的顺序依次计算。

① 网络计划起点节点所代表的工作,其最早开始时间未固定时取值为零。

② 工作的最早完成时间应等于本工作的最早开始时间与其持续时间之和,即:

$$EF_i = ES_i + D_i \tag{4.3.1}$$

式中:EF_i ——工作 i 的最早完成时间。

ES_i ——工作 i 的最早开始时间。

D_i ——工作 i 的持续时间。

③ 其他工作的最早开始时间应等于其紧前工作最早完成时间的最大值,即:

$$ES_j = \max\{EF_i\} \tag{4.3.2}$$

式中:EF_i ——工作 i 的最早完成时间。

ES_j ——工作 j 的最早开始时间。

④ 网络计划的计算工期等于其终点节点所代表的工作的最早完成时间。

(2) 计算相邻两项工作之间的时间间隔。相邻两项工作之间的时间间隔是指其紧后工作的最早开始时间与本工作最早完成时间的差值,即:

$$LAG_{i,j} = ES_j - EF_i \tag{4.3.3}$$

式中:$LAG_{i,j}$ ——工作 i 与其紧后工作 j 之间的时间间隔。

EF_i ——工作 i 的最早完成时间。

ES_j ——工作 j 的最早开始时间。

(3) 确定网络计划的计划工期。网络计划的计划工期 T_p 应按以下两种情况分别确定。

① 当已规定了要求工期 T_r 时,$T_p < T_r$。

② 当未规定要求工期时,可令计划工期等于计算工期,$T_p = T_c$。

(4) 计算工作的总时差。工作总时差的计算应从网络计划的终点节点开始,逆着箭线方向按节点编号从大到小的顺序依次进行。

① 网络计划终点节点 n 所代表的工作的总时差应等于计划工期与计算工期之差,即:

$$TF_n = T_p - T_c \tag{4.3.4}$$

式中:TF_n ——工作 n 的总时差。

当计划工期等于计算工期时,该工作的总时差为零。

② 其他工作的总时差应等于本工作与其紧后工作之间的时间间隔加该紧后工作的总时差所得之和的最小值,即:

$$TF_i = \min\{LAG_{i,j} + TF_j\} \tag{4.3.5}$$

式中：TF_i——工作 i 的总时差。

$LAG_{i,j}$——工作 i 与其紧后工作 j 之间的时间间隔。

TF_j——工作 i 的紧后工作 j 的总时差。

(5) 计算工作的自由时差。

①网络计划终点节点 n 所代表的工作的自由时差等于计划工期与本工作的最早完成时间之差，即：

$$FF_n = T_p - EF_n \tag{4.3.6}$$

式中：FF_n——终点节点 n 所代表的自由时差。

T_p——网络计划的计划工期。

EF_n——终点节点 n 所代表的工作的最早完成时间（即计算工期）。

②其他工作的自由时差等于本工作与其紧后工作之间的时间间隔的最小值，即：

$$FF_i = \min\{LAG_{i,j}\} \tag{4.3.7}$$

(6) 计算工作的最迟完成时间和最迟开始时间。

工作的最迟完成时间和最迟开始时间的计算可按以下两种方法进行：

①根据总时差计算。工作的最迟完成时间等于本工作的最早完成时间与其总时差之和，即：

$$LF_i = EF_i + TF_i \tag{4.3.8}$$

工作的最迟开始时间等于本工作的最早开始时间与其总时差之和，即：

$$LS_i = ES_i + TF_i \tag{4.3.9}$$

②根据计划工期计算。网络计划终点节点 n 所代表的工作的最迟完成时间等于该网络计划的计划工期，即：

$$LF_n = T_p \tag{4.3.10}$$

工作的最迟开始时间等于本工作的最迟完成时间与其持续时间之差，即：

$$LS_i = LF_i - D_i \tag{4.3.11}$$

其他工作的最迟完成时间等于该工作各紧后工作最迟开始时间的最小值，即：

$$LF_i = \min\{LF_j\} \tag{4.3.12}$$

式中：LF_i——工作 i 的最迟完成时间。

LS_j——工作 i 的紧后工作 j 的最迟开始时间。

(7) 确定网络计划的关键线路。

①利用关键工作确定关键线路。总时差最小的工作为关键工作。将这些关键工作相连，并保证相邻两项关键工作之间的时间间隔为零构成的线路就是关键线路。

②利用相邻两项工作之间的时间间隔确定关键线路。从网络计划的终点节点开始，逆着箭线方向依次找出相邻两项工作之间时间间隔为零的线路就是关键线路。

某工程单代号网络计划时间参数的计算如图4-19所示。

关键线路为1→2→4→7。

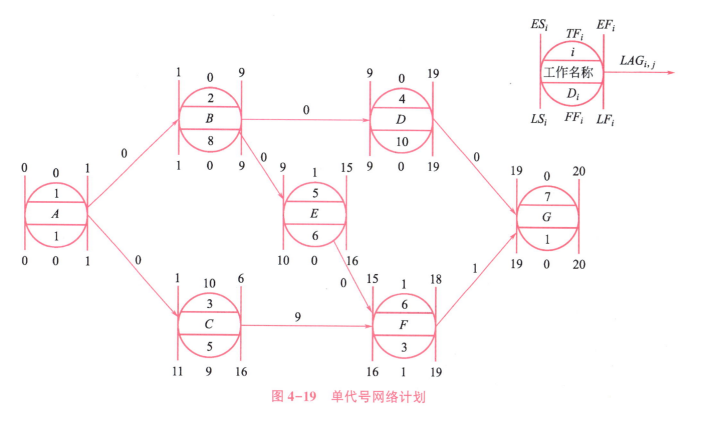

图4-19 单代号网络计划

4.4 双代号时标网络计划

双代号时标网络计划

双代号时标网络计划(简称时标网络计划)是以水平时间坐标为尺度表示工作时间的网络计划。在时标网络计划中，实箭线表示工作，实箭线的水平投影长度表示该工作的持续时间；以虚箭线表示虚工作，由于虚工作的持续时间为零，故虚箭线只能垂直画；以波形线表示工作与其紧后工作之间的时间间隔，这些工作箭线中波形线的水平投影长度表示其自由时差。无论哪一种箭线，均应在其末端绘出箭头。

4.4.1 双代号时标网络计划的特点

双代号时标网络计划的主要特点如下。

(1)时标网络计划兼有网络计划与横道计划的优点，能清楚地表明计划的时间进程，使用方便。

(2)时标网络计划能在图上直接显示出各项工作的开始与完成时间、工作的自由时差及关键线路。

(3)在时标网络计划中可以统计每一个单位时间对资源的需要量,以便进行资源优化和调整。

(4)由于箭线受到时间坐标的限制,当情况发生变化时,对网络计划的修改比较麻烦,往往要重新绘图。但在普遍使用计算机以后,这一问题则比较容易解决。

4.4.2 双代号时标网络计划的绘制

在编制时标网络计划之前应先按已经确定的时间单位绘制时标网络计划表。

1. 间接法绘制

先绘制出时标网络计划,计算各工作的最早时间参数,再根据最早时间参数在时标计划表上确定节点位置,连线完成。当某些工作箭线长度不足以到达该工作的完成节点时,用波形线补足。

2. 直接法绘制

根据网络计划中工作之间的逻辑关系及各工作的持续时间,直接在时标计划表上绘制时标网络计划。绘制步骤如下。

(1)将网络计划的起点节点定位在时标计划表的起始刻度线上。

(2)按工作的持续时间绘制以网络计划起点节点为开始节点的工作箭线。

(3)除网络计划的起点节点外,其他节点必须在所有以该节点为完成节点的工作箭线都绘出后,定位在这些工作箭线中最迟的箭线末端。当某些工作的箭线长度不足以到达该节点时,用波形线补足,箭头画于与该节点的连接处。

(4)当某个节点的位置确定以后,即可绘制以该节点为开始节点的工作箭线。

(5)利用上述方法从左至右依次确定其他各个节点的位置,直至绘出网络计划的终点节点。

某工程双代号时标网络计划如图4-20所示。

直接绘制法绘制
时标网络计划

4.4.3 时标网络计划关键线路和时间参数的确定

1. 关键线路和计算工期的确定

(1)关键线路的确定。时标网络计划中的关键线路可从网络计划的终点节点开始,逆着箭

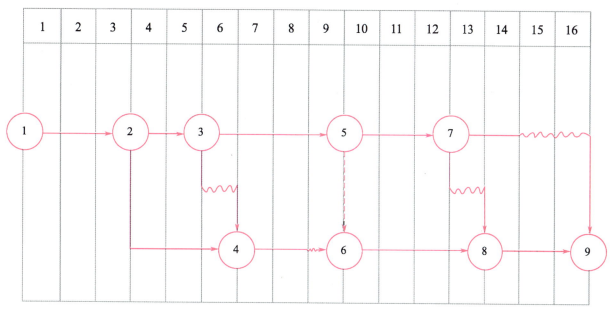

图 4-20 双代号时标网络计划

线方向进行判定。凡是自始至终不出现波形线的线路即为关键线路。

(2) 计算工期的确定。网络计划的计算工期应等于终点节点所对应的时标值与起点节点所对应的时标值之差。

2. 相邻两项工作之间时间间隔的确定

除以终点节点为完成节点的工作外，工作箭线中波形线的水平投影长度表示工作与其紧后工作之间的时间间隔。

3. 工作的六个时间参数的确定

(1) 工作最早开始时间和最早完成时间的确定。工作箭线左端节点中心所对应的时标值为该工作的最早完成时间；当工作箭线中存在波形线时，工作箭线实线部分右端点所对应的时标值为该工作的最早完成时间。

(2) 工作总时差的确定。工作总时差的判定应从网络计划的终点节点开始，逆着箭线方向依次进行。

①以终点节点为完成节点的工作，其总时差应等于计划工期与本工作最早完成时间之差。

②其他工作的总时差等于其紧后工作的总时差加本工作与该紧后工作之间的时间间隔所得之和的最小值，即：

$$TF_{i-j} = \min\{TF_{j-k} + LAG_{i-j,\,j-k}\} \tag{4.4.1}$$

式中：TF_{i-j}——工作 $i-j$ 的总时差。

TF_{j-k}——工作 $i-j$ 的紧后工作 $j-k$（非虚工作）总时差。

$LAG_{i-j,\,j-k}$——工作 $i-j$ 与其紧后工作 $j-k$（非虚工作）之间的时间间隔。

(3) 工作自由时差的确定。

①以终点节点为完成节点的工作，其自由时差应等于计划工期与本工作最早完成时间之差。

②其他工作的自由时差就是该工作箭线中波形线的水平投影长度。但当工作之后只紧接虚工作时，则该工作箭线上一定不存在波形线，而其紧接的虚箭线中波形线水平投影长度的最短者为该工作的自由时差。

(4) 工作最迟开始时间和最迟完成时间的确定。

①工作的最迟开始时间等于本工作的最早开始时间与其总时差之和。

②工作的最迟完成时间等于本工作的最早完成时间与其总时差之和。

某工程双代号时标网络计划如图4-21所示，其关键线路为：

$$1 \rightarrow 2 \rightarrow 3 \rightarrow 5 \rightarrow 6 \rightarrow 8 \rightarrow 9$$

双代号网络计划时间参数见表4-6。

表4-6 双代号网络计划时间参数计算表

工作编号	ES_{i-j}	EF_{i-j}	LS_{i-j}	LF_{i-j}	TF_{i-j}	FF_{i-j}
1-2	0	3	0	3	0	0
2-3	3	5	3	5	0	0
2-4	3	6	4	7	1	0
3-4	5	5	7	7	2	1
3-5	5	9	5	9	0	0
4-6	6	8	7	9	1	1
5-6	9	9	9	9	0	0
5-7	9	12	10	13	1	0
6-8	9	13	9	13	0	0
7-8	12	12	13	13	1	1
7-9	12	14	14	16	2	2
8-9	13	16	13	16	0	0

4.5 网络计划优化

网络计划优化是指在一定的约束条件下，按既定目标对网络计划进行不断改进，以寻求满意方案的过程。网络计划优化分为工期优化、费用优化和资源优化 3 种。

4.5.1 工期优化

工期优化是指网络计划的计算工期不满足要求工期时，通过压缩关键工作的持续时间以满足要求工期目标的过程。在工期优化过程中，不能将关键工作压缩成非关键工作。当工期优化过程中出现多条关键线路时，必须将各条关键线路的总持续时间压缩相同数值，否则不能有效地缩短工期。

工期优化的步骤如下。

(1)确定初始网络计划的计算工期和关键线路。

(2)按要求工期计算应缩短的时间 ΔT：

$$\Delta T = T_c - T_r \tag{4.5.1}$$

式中：T_c——网络计划的计算工期。

T_r——要求工期。

(3)选择应缩短持续时间的关键工作。选择压缩对象时宜在关键工作中考虑下列因素。

①缩短持续时间对质量和安全影响不大的工作。

②有充足备用资源的工作。

③缩短持续时间所需增加的费用最少的工作。

(4)将所选定的关键工作的持续时间压缩至最短，并重新确定计算工期和关键线路。若被压缩的工作变成非关键工作，则应延长其持续时间，使之仍为关键工作。

(5)当计算工期仍超过要求工期时，则重复上述步骤(2)~(4)，直至计算工期满足要求工期或计算工期已不能再缩短为止。

(6)当所有关键工作的持续时间都已达到其能缩短的极限而寻求不到继续缩短工期的方案，但网络计划的计算工期仍不能满足要求工期时，应对网络计划的原技术方案、组织方案进行调整，或对要求工期重新审定。

例 4-3

已知某工程网络计划如图 4-21 所示，图中箭线下方的数据为正常持续时间，括号内为最短持续时间。试将该网络计划的实施工期优化至 42d，工作优先压缩顺序为 G、B、C、H、E、D、A、F。

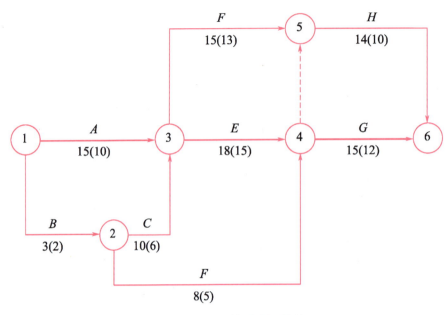

图 4-21　某工程网络计划（单位：d）

解：(1) 根据计算，如图 4-21 所示，得出该工程的关键线路为：1→3→4→6 和 1→3→4→5→6。关键工作为 A、E、G、H。

(2) 该工程计算工期为 48 天，要求工期为 42 天，所以需压缩 6 天。

(3) 将 G 工作的持续时间压缩 1 天，重新计算网络计划时间参数，此时 H 也变为关键工作，计算工期为 47 天。如图 4-22 所示。

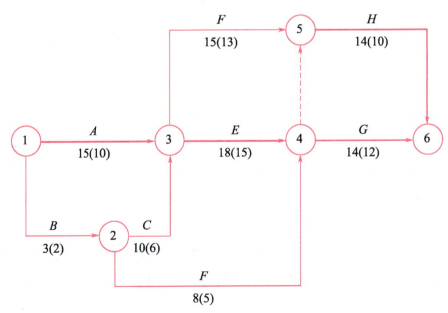

图 4-22　第一次压缩后的网络计划（单位：d）

(4)将 G、H 工作的持续时间同时压缩 2 天，计算工期变为 45 天，关键线路不变。如图 4-23 所示。

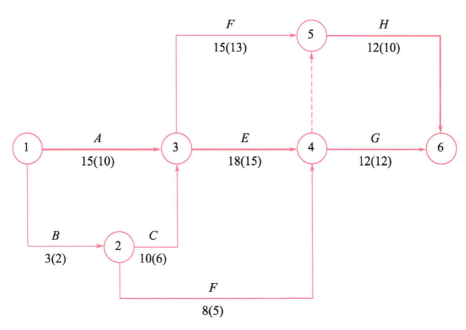

图 4-23　第二次压缩后的网络计划（单位：d）

(5)将 E 工作压缩 3 天，计算工期变为 42 天，此时 F 工作也变为关键工作，此时满足工期要求，工期优化完毕。如图 4-24 所示。

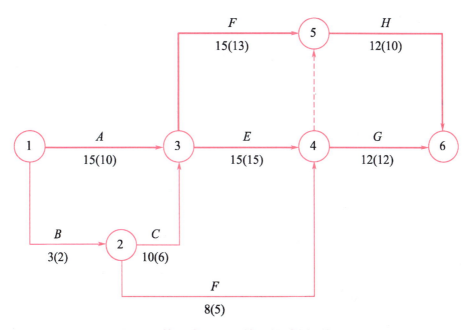

图 4-24　第三次压缩后的网络计划（单位：d）

4.5.2　费用优化

费用优化又称工期成本优化，是指寻求工程总成本最低时的工期安排，或按要求工期寻求最低成本的计划安排过程。

费用优化的目的是使项目的总费用最低，优化可按以下步骤进行。

（1）按工作的正常持续时间确定计算工期和关键线路。

（2）计算各项工作的直接费用率。

（3）当只有一条关键线路时，应找出直接费用率最小的一项关键工作，作为缩短持续时间的对象；当有多条关键线路时，应找出组合直接费用率最小的一组关键工作，作为缩短持续时间的对象。

（4）当需要缩短关键工作的持续时间时，其缩短值的确定必须符合以下两条原则。

①缩短后工作的持续时间不能小于其最短持续时间。

②缩短持续时间的工作不能变为非关键工作。

（5）计算关键工作持续时间缩短后相应增加的总费用。

（6）重复上述步骤（3）～（5），直至计算工期满足要求工期或被压缩对象的直接费用率或组合直接费用率大于工程间接费用率为止。

（7）计算优化后的工程总费用。

4.5.3　资源优化

资源优化是指通过改变工作的开始时间和完成时间，使资源按照时间的分布符合优化目标。通常分两种模式，即"资源有限、工期最短"的优化和"工期固定、资源均衡"的优化。

1. "资源有限、工期最短"的优化

一般按以下步骤进行。

（1）按照各项工作的最早开始时间安排进度计划，并计算网络计划每个时间单位的资源需用量。

（2）从计划开始日期起，逐个检查每个时段的资源需用量是否超过所能供应的资源限量。如果均满足资源限量的要求，则可行优化方案编制完成，否则转入下一步进行计划的调整。

（3）分析超过资源限量的时段。如果在该时段内有几项工作平行作业，则采取将一项工作安排在与之平行的另一项工作之后进行的方法，以降低该时段的资源需用量。

(4)对调整后的网络计划安排重新计算每个时间单位的资源需用量。

(5)重复上述步骤(2)~(4)，直至网络计划整个工期范围内每个时间单位的资源需用量均满足资源向量为止。

2. "工期固定、资源均衡"的优化

"工期固定、资源均衡"的优化方法有多种，如方差值最小法、极差值最小法、削高峰法。

4.6 网络计划控制

在工程项目实施过程中，由于外部环境和条件的变化，进度计划编制者很难预先对项目在实施过程中可能出现的问题进行全面估计，这些变化均会对工程进度计划的实施产生影响，造成实际进度偏离计划进度，若进度偏差不能及时纠正，则会影响进度总目标的实现。因此，在网络计划的执行过程中，必须采取有效的监测手段对网络计划的实施过程进行监控，找出偏差，发现问题，确定调整措施，采取纠偏措施，确保各项计划顺利完成。

4.6.1 网络计划的检查

网络计划的检查内容主要有关键工作进度、非关键工作进度及时差利用、工作之间的逻辑关系。常用的检查方法有前锋线比较法、S形曲线比较法及列表比较法。

1. 前锋线比较法

前锋线比较法是通过绘制某检查时刻工程项目实际进度前锋线，进行工程实际进度与计划进度比较的方法，它主要适用于时标网络计划。前锋线是指在原时标网络计划上，从检查时刻的时标点出发，用点划线依次将各项工作实际进展位置点连接而成的折线。前锋线比较法就是通过实际进度前锋线与原进度计划中各工作箭线交点的位置来判断工作实际进度与计划进度的偏差，进而判定该偏差对后续工作及总工期影响程度的一种方法。

(1)采用前锋线比较法的步骤。

①绘制时标网络计划图。工程项目实际进度前锋线是在时标网络计划图上标示，可在时标网络计划图的上方和下方各设一时间坐标。

②绘制实际进度前锋线。一般从时标网络计划图上方时间坐标的检查日期开始绘制，依次连接相邻工作的实际进展位置点，最后与时标网络计划图下方坐标的检查日期相连接。

(2)实际进度与计划进度的比较。

①工作实际进度位置点落在检查日期的左侧,标明该工作实际进度拖后,拖后的时间为二者之差。

②工作实际进度位置点与检查日期重合,标明该工作实际进度与计划进度一致。

③工作实际进展位置点落在检查日期的右侧,标明该工作实际进度超前,超前的时间为二者之差。

例 4-4

某工程项目时标网络计划如图 4-25 所示。该计划执行到第 6 周周末检查实际进度时,发现工作 A 和 B 已全部完成,工作 D 和 E 分别完成计划任务量的 20% 和 50%,工作 C 还需 3 周完成。试用前锋线法比较实际进度与计划进度。

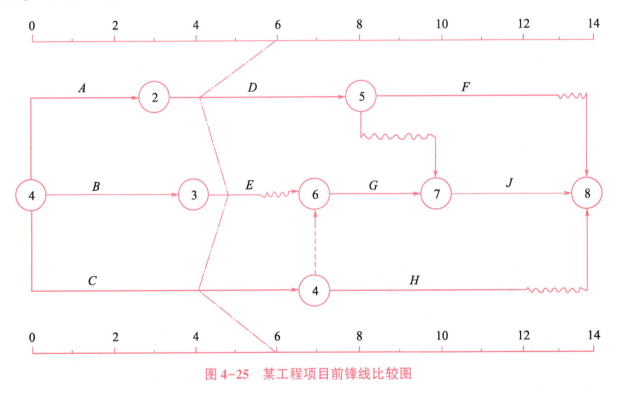

图 4-25 某工程项目前锋线比较图

解:根据第 6 周周末实际进度的检查结果绘制前锋线,如图 4-25 所示。通过比较可看出:

(1)工作 D 实际进度拖后 2 周,将使其后续工作 F 的最早开始时间推迟 2 周,并使总工期延长 1 周。

(2)工作 E 实际进度拖后 1 周,既不影响总工期,也不影响其后续工作的正常进行。

(3)工作 C 实际进度拖后 2 周,将使其后续工作 G、H、J 的最早开始时间推迟 2 周,由于工作 G、J 开始时间的推迟,使总工期延长 2 周。

2. S形曲线比较法

S形曲线是一个以横坐标表示时间、纵坐标表示任务量完成情况的曲线图。将计划完成和实际完成的累计工作量分别制成S形曲线，任意检查日期对应的S形曲线上的一点，若位于计划S形曲线左侧，则表示实际进度比计划进度超前；若位于计划S形曲线右侧，则表示实际进度比计划进度滞后。

3. 列表比较法

当采用非时间坐标网络图计划时，也可以采用列表比较法进行实际进度与计划进度的比较。该方法是记录检查时正在进行的工作名称和已进行的天数，然后列表计算有关参数，根据原有总时差和尚有总时差判断实际进度与计划进度的比较方法。列表比较法应按以下步骤进行。

(1) 对于实际检查日期应进行的工作，根据已经作业的时间，确定其尚需作业时间。

(2) 根据原进度计划计算检查日期应该进行的工作从检查日期到原计划最迟完成时尚余时间。

(3) 计算工作尚有总时差，其值等于工作从检查日期到原计划最迟完成时间尚余时间与该工作尚需作业时间之差。

(4) 比较实际进度与计划进度，区别如下。

①若工作尚有总时差与原有总时差相等，说明该工作实际进度与计划进度一致。

②若工作尚有总时差大于原有总时差，说明该工作实际进度超前，超前的时间为二者之差。

③若工作尚有总时差小于原有总时差，且仍为非负值，说明该工作实际进度拖后，拖后的时间为二者之差，但不影响总工期。

④若工作尚有总时差小于原有总时差，且为负值，说明该工作实际进度拖后，拖后的时间为二者之差，此时工作实际进度偏差将影响总工期。

例 4-5

某工程进度计划如图 4-25 所示。该计划执行到第 11 周周末检查实际进度时，发现工作 A、B、C、D、E、G 已经全部完成，工作 F 已经进行了 2 周，工作 H 已经进行了 4 周，工作 J 未开始。试用列表比较法进行实际进度与计划进度的比较。

解：根据工程项目进度计划及实际进度检查结果，可计算出检查日期应进行工作的尚需作业时间、原有总时差及尚有总时差等，计算结果见表 4-7。

表 4-7 工程进度检查比较表

工作序号	工作名称	检查计划时尚需作业周数	到计划最迟完成时尚余周数	原有总时差	尚有总时差	情况判断
5-8	F	3	3	1	0	拖后1周,不影响工期
7-8	J	4	3	0	-1	拖后1周,影响工期1周
4-8	H	1	2	2	2	正常

综上所述,若不采取措施加快进度,该工程项目总工期将延长1周。

4.6.2 网络计划的调整

网络计划的调整时间一般应与网络计划的检查时间一致,根据计划检查结果可进行调整。

1. 分析进度偏差的原因

由于工程项目的工程特点,尤其是较大和复杂的工程项目,工期较长,影响进度因素较多。编制计划、执行和控制工程进度计划时,必须充分认识和评估这些因素,才能克服其影响,使工程进度尽可能按计划进行,当出现偏差时,应考虑有关影响因素,分析产生原因。其主要影响因素有以下几个方面。

(1)工期及相关计划的失误。

①计划时遗漏部分必需的功能或工作。

②计划值不足,相关的实际工作量增加。

③资源或能力不足,例如,计划时没考虑到资源的限制或缺陷,没有考虑如何完成工作。

④出现了计划中未能考虑到的风险或状况,未能使工程实施达到预定的效率。

⑤在现代工程中,上级(业主、投资者、企业主管)常常在一开始就提出很紧迫的工期要求,使承包商或其他设计人、供应商的工期太紧。许多业主为了缩短工期,常常压缩承包商的做标期、前期准备的时间。

(2)工程条件的变化。

①工作量的变化。可能是由于设计的修改、设计的错误、业主新的要求、修改项目的目标及系统范围的扩展造成的。

②外界(如政府、上层系统)对项目新的要求或限制,设计标准的提高可能造成项目资源的缺乏,使得工程无法及时完成。

③环境条件的变化。工程地质条件和水文地质条件与勘察设计不符,如地质断层、地下

障碍物、软弱地基、溶洞及恶劣的气候条件等，都对工程进度产生影响，造成临时停工或破坏。

④发生不可抗力事件。实施中如果出现意外的事件，例如，战争、内乱、拒付债务、工人罢工等政治事件；地震、洪水等严重的自然灾害；重大工程事故、试验失败、标准变化等技术事件；通货膨胀、分包单位违约等经济事件都会影响工程进度计划。

（3）管理过程中的失误。

①计划部门与实施者之间，总分包商之间，业主与承包商之间缺少沟通。

②工程实施者缺乏工期意识，例如，管理者拖延了图纸的供应和批准，任务下达时缺少必要的工期说明和责任落实，拖延了工程活动。

③项目参加单位对各个活动（各专业工程和供应）之间的逻辑关系（活动链）没有了解清楚，下达任务时也没有做详细的解释，同时对活动的必要的前提条件准备不足，各单位之间缺少协调和信息沟通，许多工作脱节，资源供应出现问题。

④由于其他方面未完成项目计划规定的任务造成拖延。如设计单位拖延设计、运输不及时、上级机关拖延批准手续、质量检查拖延、业主不果断处理问题等。

⑤承包商没有集中力量施工，材料供应拖延，资金缺乏，工期控制不紧。这可能是由于承包商同期工程太多、力量不足造成的。

⑥业主没有集中供应资金，拖欠工程款，或业主的材料、设备供应不及时。

（4）其他原因。例如，由于采取其他调整措施造成工期的拖延，如设计的变更、因质量问题的返工、实施方案的修改。

2. 分析进度偏差后对后续工作及总工期的影响

在工程项目施工过程中，当通过实际进度与计划进度的比较，发现有进度偏差时，需要分析该偏差对后续工作及总工期的影响，从而采取相应的调整措施对原进度计划进行调整，以确保工期目标的顺利实现。进度偏差的大小及其所处的位置不同，对后续工作和总工期的影响程度是不同的，分析时需要利用网络计划中工作总时差和自由时差的概念进行判断。分析步骤如下。

（1）分析出现进度偏差的工作是否为关键工作。如果出现进度偏差的工作为关键工作，则无论其偏差有多大，都将对后续工作和总工期产生影响，必须采取相应的调整措施；如果出现偏差的工作是非关键工作，则需要根据进度偏差值与总时差和自由时差的关系作进一步分析。

（2）分析进度偏差是否超过总时差。如果工作的进度偏差大于该工作的总时差，则此进度偏差必将影响其后续工作和总工期，必须采取相应的调整措施；如果工作的进度偏差未超过该工作的总时差，则此进度偏差不影响总工期。至于对后续工作的影响程度，还需要根据偏差值与其自由时差关系作进一步分析。

（3）分析进度偏差是否超过自由时差。如果工作的进度偏差大于该工作的自由时差，则此进度偏差将对其后续工作产生影响，此时应根据后续工作的限制条件确定调整方法；如果工作的进度偏差未超过该工作的自由时差，则此进度偏差不影响后续工作，原进度计划可以不作调整。

通过进度偏差的分析，进度控制人员可以根据进度偏差的影响程度，制定相应的纠偏措施进行调整，以获得符合实际进度情况和计划目标的新进度计划。

3. 施工进度计划的调整方法

（1）增加资源收入。通过增加资源投入，缩短某些工作的持续时间，使工程进度加快，并保证实现计划工期。这些被压缩持续时间的工作是由于实际进度的拖延而引起总工期增加的关键线路和某些非关键线路上的工作，同时这些工作又是可压缩持续时间的工作。它会带来如下问题。

①造成费用的增加，如增加人员的调遣费用、周转材料一次性费用、设备的进出场费。

②由于增加资源造成资源使用效率的降低。

③加剧资源供应的困难。如有些资源没有增加的可能性，加剧项目之间或工序之间对资源激烈的竞争。

（2）改变某些工作间的逻辑关系。在工作之间的逻辑关系允许的条件下，可改变逻辑关系，达到缩短工期的目的。例如，可以把依次进行的有关工作改成平行的或互相搭接的，可以分成几个施工段进行流水施工等，都可以达到缩短工期的目的。这可能产生如下几个问题。

①工作逻辑上的矛盾性。

②资源的限制，平行施工要增加资源的投入强度。

③工作面限制及由此产生的现场混乱和低效率问题。

（3）资源供应的调整。如果资源供应发生异常，应采用资源优化方法对计划进行调整，或采取应急措施，使其对工期影响最小。例如，将服务部门的人员投入到生产中去，投入风险准备资源，采用加班或多班制工作。

（4）增减工作范围。包括增减工作量或增减一些工作包（或分项工程）。增减工作内容应做到不打乱原计划的逻辑关系，只对局部逻辑关系进行调整。在增减工作内容以后，应重新计算时间参数，分析对原网络计划的影响。当对工期有影响时，应采取调整措施，保证计划工期不变。但这可能产生如下影响。

①损害工程的完整性、经济性、安全性、运行效率或提高项目运行费用。

②必须经过上层管理者，如投资者、业主的批准。

（5）提高劳动生产率。改善工具和器具以提高劳动生产效率；通过辅助措施和合理的工作

4.6 网络计划控制

过程，提高劳动生产率。要注意如下问题。

①加强培训，且应尽可能地提前。

②注意工人级别与工人技能的协调。

③工作中的激励机制，如奖金、小组精神的发扬、个人负责制、目标明确。

④改善工作环境及项目的公用设施。

⑤项目小组时间上和空间上合理的组合和搭接。

⑥多沟通，避免项目组织中的矛盾。

(6) 将部分任务转移。如分包、委托给另外的单位，将原计划由自己生产的结构构件改为外购等。不仅有风险，会产生新的费用，而且需要增加控制和协调工作。

(7) 将一些工作包合并。特别是在关键线路上按先后顺序实施的工作包合并，与实施者一起研究，通过局部调整实施过程中的人力、物力的分配，达到缩短工期的目的。

4. 施工进度控制的措施

施工进度控制采取的主要措施有组织措施、技术措施、合同措施、经济措施和信息管理措施等。

(1) 组织措施主要是指落实各层次的进度控制的人员、具体任务和工作责任；建立进度控制的组织系统；按工程项目的结构、进展的阶段或合同结构等进行项目分离，确定其进度目标，建立控制目标体系；确定进度控制工作制度，如检查时间、方法、协调会议时间、参加人员等；对影响进度因素的分析和预测。

(2) 技术措施主要是采取加快工程进度的技术方法。

(3) 合同措施是指对分包单位签订工程合同的合同工期与有关进度计划目标相协调。

(4) 经济措施是指实现进度计划的资金保证措施。

(5) 信息管理措施是指不断地收集工程进度的有关资料进行整理统计并与计划进度比较，定期向建设单位提供比较报告。

单 元 总 结

本单元的学习任务是使学生掌握网络计划时间参数的基本知识和必要的时间参数计算，并具备绘制网络图、对网络计划进行优化、在工程实施过程中根据具体情况对进度计划进行控制和调整的能力。

习 题

一、填空题

1. 网络图按照网络计划表达方法不同，可分为（　　　　）、（　　　　）、（　　　　）、（　　　　）。
2. 工作中的逻辑关系包括（　　　　）和（　　　　）。
3. 网络图中，交叉箭线的表示方法有（　　　　）和（　　　　）。
4. 时标网络计划的绘制方法有（　　　　）和（　　　　）。
5. 网络计划优化分为（　　　　）、（　　　　）和（　　　　）。

二、选择题

1. 双代号网络图中，（　　）表示一项工作或一个施工过程。
   A. 一根箭线　　　B. 一个节点　　　C. 一条线路　　　D. 关键线路
2. 在双代号网络图中，虚箭线（　　）。
   A. 不消耗时间，只消耗资源　　　B. 只消耗时间，不消耗资源
   C. 仅表示工作之间的逻辑关系　　　D. 既消耗时间，也消耗资源
3. 双代号网络图中，箭线的箭尾节点表示该工作的（　　）。
   A. 位置　　　B. 开始　　　C. 结束　　　D. 方向
4. 一个网络图只允许有（　　）个开始节点和（　　）个终点节点。
   A. 多，1　　　B. 多，多　　　C. 1，多　　　D. 1，1
5. 在网络计划中，（　　）最小的工作为关键工作。
   A. 自由时差　　　B. 持续时间　　　C. 时间间隔　　　D. 总时差
6. 某工程计划中，工作 A 的持续时间为 5d，总时差为 3d，自由时差为 2d。如果工作 A 实际进度拖延 4d，则会影响工程计划工期（　　）d。
   A. 1　　　B. 2　　　C. 3　　　D. 4
7. 下列不是关键线路的是（　　）。
   A. 总持续时间最长的线路　　　B. 时标网络图中无波形线的线路
   C. 全部由关键节点组成的线路　　　D. 总时差全部为零的线路
8. 单代号网络计划用（　　）表示一项工作。
   A. 节点　　　B. 线路　　　C. 直线　　　D. 箭线
9. 某项工作有 3 项紧后工作，其持续时间分别为 2d、3d、4d；其最迟完成时间分别为 16d、14d、12d，本工作的最迟完成时间是（　　）d。

A. 14   B. 11   C. 8   D. 6

10. 工期优化以(   )为目标，使其满足规定。

A. 费用最低   B. 资源均衡   C. 最低成本   D. 最短工期

三、简答题

1. 试述网络计划技术的特点与分类。
2. 双代号网络图的三个基本要素是什么？试述各要素的意义与特点。
3. 什么是工艺关系和组织关系？试举例说明。
4. 什么是双代号时标网络计划？有何特点？
5. 什么是网络优化？网络优化包括哪些内容？

四、案例分析题

1. 已知工作之间的逻辑关系见表 4-8，试绘制双代号网络图，并计算各工作的 6 个时间参数。

表 4-8 某工作之间的逻辑关系表

工作名称	A_1	A_2	A_3	B_1	B_2	B_3	C_1	C_2	C_3
紧前工作	—	A_1	A_2	A_1	A_2、B_1	A_3、B_2	B_1	B_2、C_1	B_3、C_2
持续时间	4	4	4	2	2	2	3	3	3

2. 图 4-26 为某单代号网络图，试计算各工作的时间参数。

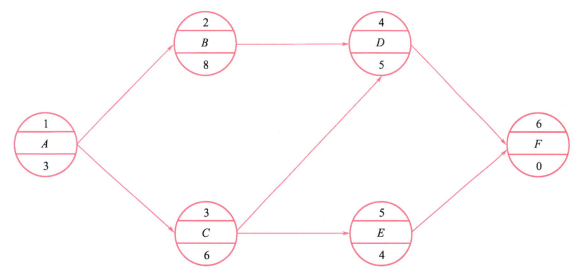

图 4-26 某单代号网络图

3. 已知某工程双代号时标网络图如图 4-27 所示，该计划执行到第 5 天检查时，其实际进度如图 4-27 所示。试分析目前实际进度对后续工作和总工期的影响。

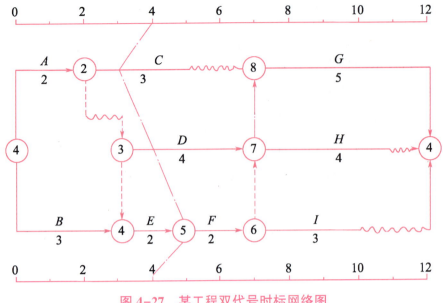

图 4-27　某工程双代号时标网络图

单元 5

施工组织设计

教学目标

【知识目标】

1. 了解施工组织总设计的作用、编制程序和编制依据；了解总进度计划及总平面图编制的内容与方法。熟悉施工组织总设计的内容。掌握施工部署和施工方案编制的主要内容；掌握临时用水、用电的计算方法。

2. 了解单位工程施工组织设计的编制依据、编制程序；了解单位工程施工组织设计的主要内容、单位施工方案的选择。熟悉工程概况和施工特点分析。掌握施工进度计划的编制方法、施工准备内容、各项资源计划的编制和单位工程施工平面图设计。

【能力目标】

1. 通过本单元中施工组织总设计的学习，学生具备根据初步设计或扩大初步设计图纸及其他资料和现场施工条件编制施工组织总设计的能力，具备对整个建设项目进行全面规划和统筹安排的能力，具备指导全场性的施工准备工作和施工全局的能力。

2. 通过本单元中单位工程施工组织设计的学习，学生具备能够根据工程设计图纸、建设要求和相关规定，结合现场实际情况，编制单位工程施工组织设计，初步具备组织简单或小型单位工程施工的能力。

单元 5 施工组织设计

思维导图

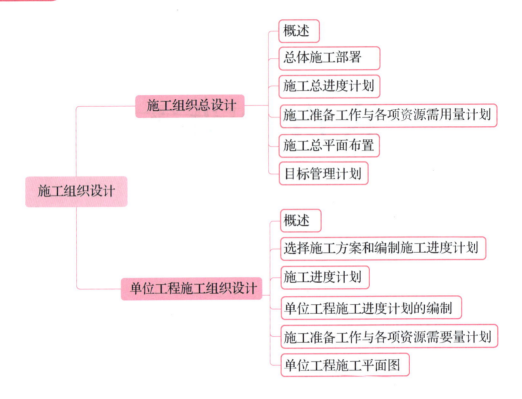

5.1 施工组织总设计

施工组织总设计是指以若干单位工程组成的群体工程或特大型项目为主要对象编制的施工组织设计，对整个项目的施工过程起统筹规划、重点控制的作用。

5.1.1 概 述

1. 施工组织总设计的编制内容

施工组织总设计一般包括如下内容。
①编制依据。
②工程项目概况。
③施工部署及主要项目的施工方案。
④施工总进度计划。
⑤总体施工准备。
⑥主要资源配置计划。

施工组织

⑦施工总平面布置。

⑧目标管理计划及技术经济指标。

2. 编制依据

为了保证施工组织总设计的编制工作顺利进行，且能在实施中切实发挥指导作用，编制时必须密切地结合工程实际情况。其主要编制依据如下。

（1）计划文件及有关合同。计划文件及有关合同主要包括：国家批准的基本建设计划、可行性研究报告、工程项目一览表、分期分批施工项目和投资计划；地区主管部门的批文、施工单位上级主管部门下达的施工任务计划；招投标文件及签订的工程承包合同；工程材料和设备的订货指标；引进材料和设备供货合同等。

（2）设计文件及有关资料。设计文件及有关资料主要包括建设项目的初步设计、扩大初步设计或技术设计的有关图纸、设计说明书、建筑区域平面图、建筑总平面图、建筑竖向设计、总概算或修正概算等。

（3）施工组织纲要。施工组织纲要也称投标（或标前）施工组织设计。它提出了施工目标和初步的施工部署，在施工组织总设计中要深化部署，履行所承诺的目标。

（4）现行规范、规程和有关规定。现行规范、规程和有关规定包括与本工程建设有关的国家、行业和地方现行的法律、法规、规范、规程、标准、图集等。

（5）工程勘察和技术经济资料。工程勘察资料包括建设地区的地形、地貌、工程地质及水文地质、气象等自然条件。技术经济资料包括：建设地区可能为建设项目服务的建筑安装企业、预制加工企业的人力、设备、技术和管理水平；工程材料的来源和供应情况；交通运输情况；水、电供应情况；商业、文化教育水平及设施情况等。

（6）类似建设项目的施工组织总设计和有关总结资料。

3. 工程概况

工程概况一般包括以下内容。

（1）工程项目的基本情况及特征：工程名称、性质、建设地点和建设总期限；占地总面积、建设总规模和总投资；建筑安装工程量、设备安装台数或吨数；建设单位、承包单位和分包单位、其他参建单位等基本情况；工程组成及各单项（单位）工程设计特点、新技术的复杂程度；建筑总平面图和各单项、单位工程设计交图日期及已定的设计方案等。

（2）承包的范围。

（3）建设地区的条件：气象、地形、地质和水文情况，场地周围环境情况；劳动力和生活设施情况等；地方建筑生产企业情况；地方资源情况；交通运输条件；水、电和其他动力条件等；地方资源情况；交通运输条件；水、电和其他动力条件。

（4）施工条件。

（5）其他内容：本建设项目的协议或合同、土地征用范围等。

5.1.2 总体施工部署

施工部署是对项目实施过程做出统筹规划和全面安排,包括明确项目的组织体系、部署原则、区域划分、进度安排、展开程序和全场性准备工作规划等。

施工部署是施工组织设计的纲要性内容,施工进度计划、施工准备与资源配置计划、施工方法、施工现场平面布置、施工管理计划等都应该以施工部署为原则进行编制。

5.1.3 施工总进度计划

1. 施工进度计划的含义

施工总进度计划是对施工现场各项施工活动在时间上所做的安排。施工总进度计划的编制要依据施工部署等,合理确定各独立完工工程及其单项工程的控制工期,合理安排它们之间的施工顺序和搭接关系。其作用是确定各单项工程的施工期限及开竣工日期;同时也为制订资源配置计划、临时设施的建设和进行现场规划布置提供依据。

2. 施工进度计划的编制步骤

施工进度计划的编制步骤如图 5-1 所示。

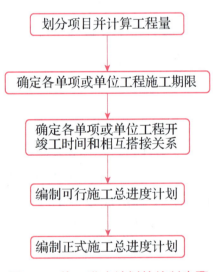

图 5-1 施工进度计划的编制步骤

5.1.4 施工准备工作与各项资源需用量计划

资源需用量计划的编制需要根据施工部署和施工总进度计划,确定劳动力、材料、构配件、加工品及施工机具等主要物资的需要量和时间。

1. 劳动力配置计划

劳动力配置计划是确定暂设工程规模和组织劳动力进场的依据,是根据工程量汇总表、施工准备工作计划施工总进度计划、概(预)算定额及有关经验资料等,分别确定出各单项工程专业工种的劳动量工日数、工人数和进场时间,然后逐项按月或按季度汇总,得出整个建设项目劳动力配置计划,并在表下绘制出劳动力动态曲线柱状图。劳动力配置计划见表5-1。

表5-1 劳动力配置计划

序号	单项工程名称	工种名称	劳动量（工日）	需要量（人）									
				20××年								20××年	
				5	6	7	8	9	10	11	12	1	……
1													
2													
3													
……													
合计													

注：工种名称除生产工人外，还应包括附属、辅助用工（如运输、构件加工、材料保管等），以及服务和管理用工。

2. 物资配置计划

物资配置计划包括主要材料和预制品配置计划(见表5-2)、主要施工机具和设备配置计划(见表5-3)、大型临时设施计划(见表5-4)。

表5-2 主要材料和预制品配置计划

序号	单项工程名称	材料和预制品					需要量							
							20××年					20××年		
		编号	品名	规格	单位	数量	8	9	10	11	12	1	2	……
1														
2														
……														
合计														

注：1. 主要材料可按型钢、钢板、钢筋、管材、水泥、木材、砖、砌块、砂、石、防水卷材等分别列项。

2. 需要量按月或季度编制。

表5-3 主要施工机具和设备配置计划

序号	单项工程名称	施工机具和设备					需要量							
							20××年					20××年		
		编号	名称	型号	单位	电功率	8	9	10	11	12	1	2	……
1														
2														
……														
合计														

注：机具、设备名称可按土方、钢筋混凝土、起重、金属加工、运输、水加工、动力、测试、脚手架等分类编写，需要量按月或季度编制。

表5-4 大型临时设施计划

序号	项目	名称	需用量		利用现有建筑	利用拟建永久工程	新建	单价（元/m²）	造价（万元）	占地（m²）	修建时间
			单位	数量							
1											
2											
……											
合计											

注：项目名称包括生产、生活用房、临时道路、临时用水、用电和供热系统等。

3. 总体施工准备

总体施工准备包括技术准备、现场准备和资金准备。应根据施工部署与施工方案、资源计划和临时设施计划编制准备工作计划(表5-5)。

表5-5 主要施工准备工作计划

序号	准备工作名称	准备工作内容	主办单位	协办单位	完成日期	负责人
1						
2						
……						

5.1.5 施工总平面布置

施工总平面布置是按照施工部署、施工方案和施工总进度计划及资源需用量计划的要求，对施工现场作出合理的规划与布置，以总平面图表示。其作用是正确处理全工地施工期间所需各项设施、永久建筑与拟建工程之间的空间关系以指导现场，实现有组织、有秩序地施工。

1. 设计内容

(1) 永久性设施，包括：已有的建筑物、构筑物、其他设施及拟建工程的位置和尺寸。

(2) 临时性设施，包括：场地临时围墙、施工用的道路；加工厂、制备站及主要机械的位置；各种材料、半成品、构配件的仓库和主要堆场；行政管理用房、宿舍、食堂、文化生活等用房；水源、电源、动力设施、临时给排水管线、供电线路及设施；机械站、车库位置；一切安全、消防设施等。

(3) 其他，包括：永久性测量放线标桩的位置；必要的图例、方向标识、比例尺等。

2. 设计原则

(1) 依据各有关法律、法规、标准、规范及政策。

(2) 尽量减少施工占地，使整体布局紧凑、合理。

(3) 合理组织运输，保证运输方便、道路畅通，尽量减少运输费用。

(4) 合理划分施工区域和存放场地，减少各工程之间和各专业工种之间的相互干扰。

(5) 充分利用各种永久性建筑物、构筑物和已有设施为施工服务，降低临时设施的费用。

(6) 适当分开生产区与生活区。

(7) 满足环境保护、劳动保护、安全防火及文明施工等要求。

3. 设计步骤及要求

(1) 绘制施工场地范围及基本条件，包括场地的围墙和已有的建筑物、道路、构筑物及其他设施的位置和尺寸。

(2) 布置新的临时设施及堆场。

① 场外交通的引入。

a. 铁路运输。一般大型工业企业，厂区内都设有永久性铁路专用线，通常可将其提前修建，以便为工程施工服务。但由于铁路的引入将严重影响场内施工的运输和安全，因此，引入点宜在靠近工地的一侧或两侧。

b. 水路运输。当大量物资由水路运入时，应首先考虑原有码头的运用和是否增设专用码头问题，充分利用原有码头的吞吐能力。当需增设码头时，卸货码头不应少于两个，且宽度应大于 2.5m，一般用石或钢筋混凝土结构建造。

c. 公路运输。当大量物资由公路运入时，一般先将仓库、加工厂等生产性临时设施布置在最经济合理的地方，然后再布置通向场外的公路线。

②仓库与材料堆场的布置。

a. 当采用铁路运输时，仓库通常沿铁路线布置，并且要留有足够的装卸时间。

b. 当采用水路运输时，一般应在码头附近设置转运仓库，以缩短船只在码头上的停留时间。

c. 当采用公路运输时，仓库的布置较灵活。一般中心仓库布置在工地中央或靠近使用地点，也可以布置在工地入口处；大宗材料的堆场和仓库，可布置在相应的搅拌站加工场或预制场地附近；砖、瓦、砌块和预制构件等直接使用的材料应布置在施工对象附近，以免二次搬运。

③加工厂布置。

各种加工厂布置，应以方便使用、安全防火、运输费用最少、不影响建筑安装工程正常施工为原则。一般应将加工厂集中布置在工地边缘，且靠近相应的仓库或材料堆场。

a. 混凝土搅拌站。当现浇混凝土量大时，宜在工地设置集中搅拌站；当运输条件较差时，宜分散搅拌。

b. 预制加工厂。预制加工厂一般设置在建设单位的空闲地带上。

c. 钢筋加工厂。当需进行大量的机械加工时，宜设置中心加工厂，其位置应靠近预制构件加工厂；对于小型构件和简单的钢筋加工，可在使用地点附近布置钢筋加工棚。

d. 木材加工厂。要视加工量、加工性质和种类，决定是设置集中加工场还是分散的加工棚。一般原木、锯材堆场布置在铁路、公路或水路沿线附近；木材加工厂亦应设置在这些地段附近；锯木、成材、细木加工和成品堆放，应按工艺流程布置并应设置在施工区的下风向边缘。

e. 金属结构、锻工电焊和机修等车间。由于生产上联系密切，以上车间应尽可能布置在一起。

④布置内部运输道路。规划道路时应考虑以下几点。

a. 合理规划，节约费用。在规划临时道路时，应充分利用拟建的永久性道路，提前建成或者先修路基和简易路面，作为施工所需的道路，以达到节约投资的目的。若地下管网的图纸尚未出全，则应在无管网地区先修筑临时道路，以免开挖管沟时破坏路面。

b. 保证通畅。道路应有两个以上进出口，末端应设置回车场地，且应尽量避免与铁路交叉，若有交叉，交角应大于30°，最好为直角相交。场内道路干线应采用环形布置，主要道路宜采用双车道，宽度不小于6m；次要道路宜采用单车道，宽度不小于4m。

c. 选择合理的路面结构。道路的路面结构，应当根据运输情况和运输工具的类型而定。对永久性道路应先建成混凝土路面基层；场区内的干线和施工机械行驶路线，最好采用碎石级配路面,以利修补。场内支线一般为砂石路。

⑤行政与生活临时设施的布置。行政与生活临时设施包括办公室、汽车库、职工休息室、开水房、小卖部、食堂、文体中心和浴室等。要根据工地施工人数计算其建筑面积。应尽量利用建设单位的生活基地或其他永久性建筑,不足部分另行建造。

⑥全工地性行政管理用房宜设在工地入口处,以便对外联系;也可设在工地中间,便于全工地管理,工人用的福利设施应设置在工人较集中的地方或工人必经之处。生活基地应设在场外,距工地500~1 000m为宜。食堂可布置在工地内部或工地与生活区之间。

⑦临时水电管网的布置。当有可以利用的水源、电源时,可先将其接入工地,再沿主要干道布置干管、主线,然后与各用户接通。临时总变电站应设置在高压电引入处,不应放在工地中心;临时水池应放在地势较高处。

⑧供水管网的布置。供水管网应尽量短,布置时应避开拟建工程的位置。水管宜采用暗埋铺设,有冬期施工要求时,应埋设至冰冻线以下。有重型机械或需从路下穿过时,应采取保护措施。高层建筑施工时,应设置水塔或加压泵,以满足水压要求。

⑨根据工程防火要求,应设置足够数量的消火栓。消火栓一般设置在易燃建筑物、木材、仓库等附近,与建筑物或使用地点的距离不得大于25m,也不得小于5m。消火栓管径宜为100mm,沿路边布置,间距不得大于120m,每5 000m^2现场不少于一个,距路边的距离不得大于2m。

⑩供电线路的布置。供电线路宜沿路边布置,但距路基边缘不得小于1m。一般用钢筋混凝土杆或梢径不小于140mm的木杆架设,杆距不大于35m;电杆埋深不小于杆长的1/10加0.6m,回填土应分层夯实。架空线最大弧垂处距地面不小于4m,跨路时不小于6m,跨铁路时不小于7.5m;架空电线距建筑物不小于6m。在塔吊控制范围内应采用暗埋电缆等方式。

5.1.6 目标管理计划

目标管理计划主要阐述质量、进度、安全、环保等各项目标的要求,建立保证体系,制订所需采取的主要措施。主要包括质量管理计划、进度保证计划、施工总成本计划、安全管理计划、文明施工及环境保护管理计划。

5.2 单位工程施工组织设计

5.2.1 概　述

单位工程施工组织设计是用来规划和指导单位工程从施工准备到竣工验收全部施工活动的技术经济文件，对施工企业实现科学的生产管理，保证工程质量、节约工程资源以及降低工程成本等起着十分重要的作用。

1. 单位工程施工组织设计的任务

单位工程施工组织设计的任务一般包括以下几点。

（1）贯彻施工组织总设计对该工程的规划精神。

（2）选择施工方法、施工机械，确定施工顺序。

（3）编制施工进度计划，确定各分部、分项工程间的时间关系，保证工期目标的实现。

（4）确定各种物资、劳动力、机械的需要量计划，为施工准备、调度安排以及布置现场提供依据。

（5）合理布置施工现场，充分利用现场空间，减少运输和暂设费用，保证施工顺利、安全地进行。

（6）制定实现质量、进度、成本和安全目标的具体措施。

2. 单位工程施工组织设计的编制依据

（1）主管部门的批示文件以及有关要求，主要包括上级机关对工程的相关指示和要求、建设单位对施工的要求、施工合同中的有关规定等。

（2）经过会审的施工图纸，包括单位工程的全部施工图纸、图纸会审要有相关标准图等设计资料。

（3）施工企业年度施工计划，主要有本工程开工、竣工日期的规定，以及与其他项目穿插施工的要求。

（4）施工组织总设计，施工组织总设计以整个建设项目为主要对象编制的经济技术文件，对整个项目全局控制，单位工程作为整个项目的部分，其施工组织设计应当把施工组织总设计作为编制依据。

(5)工程预算文件及有关定额,应有详细的分部(分项)工程量,必要时有分层、分段、分部位的工程量,以及使用的预算定额和施工定额。

(6)建设单位对单位工程施工可能提供的条件,主要有供水、供电、供热的情况和可借用的临时办公、仓库、宿舍等施工用房。

(7)施工资源配备情况,包括施工中需要的劳动力情况,材料、配件、成品、半成品的供应情况,施工机具和设备的配备及其生产能力等。

(8)施工现场的勘察资料。主要包含地形、地质、水文、气象、交通运输、现场障碍物等情况及工程地质勘察报告、地形图、测量控制网。

(9)有关的规范、规程和标准。主要有《建筑工程施工质量验收统一标准》等14项建筑工程施工质量验收规范及《建筑安装工程技术操作规范》。

(10)有关的参考资料及施工组织设计实例。

3. 单位工程施工组织设计的编制程序

单位工程施工组织设计的编制程序,见图5-2。

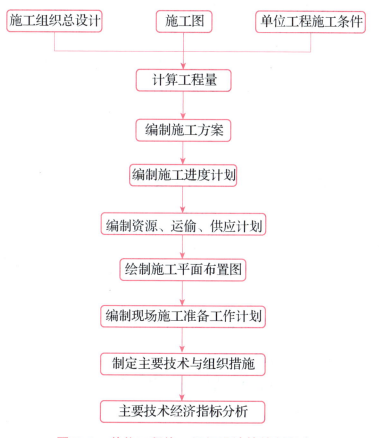

图5-2 单位工程施工组织设计的编制程序

4. 工程概况与施工特点分析

(1)工程概况。工程概况包括工程主要情况、各专业设计简介和工程施工条件等。

①工程主要情况。

a. 工程名称、性质、规模和地理位置。

b. 工程的建设、勘察、设计、建立和总承包等相关单位的情况。

c. 项目设计概况。

d. 工程承包方位和分包工程范围。

e. 施工合同、招标文件或总承包单位对工程施工的重点要求。

f. 其他应当说明的情况。

②各专业设计简介。

a. 建筑设计简介应依据建设单位提供的建筑设计文件进行描述,包括建筑规模、建筑功能、建筑特点、建筑耐火、防水及节能要求,并应简单描述工程的主要装修做法。

b. 结构设计简介应依据建设单位提供的结构设计文件进行描述,包括结构形式、地基基础形式、结构安全等级、抗震设防类别、主要结构构件类型及要求等。

c. 机电及设备安装专业设计简介应依据建设单位提供的各相关专业设计文件急性描述,包括给水、排水及采暖系统、通风与空调系统、电气系统、智能化系统、电梯等各个专业系统的做法要求。

③工程施工条件。

a. 项目建设地点气象状况:简要介绍项目建设地点的气温、雨、雪、风、雷电等气象变化情况、冬雨季期限和冬季土的冻结深度等情况。

b. 项目施工区域地形和工程水文地质状况:简要介绍项目施工区域地形变化和绝对标高,地质构造、土的性质和类别、地基土的承载力、河流流量和水质、最高洪水期和枯水期的水位、地下水位的高低变化、含水层的厚度、流向和水质等情况。

c. 项目施工区域地上、地下管线及相邻的地上、地下建筑物(构筑物)情况。

d. 与项目施工有关的道路、河流等情况。

e. 当地建筑材料、设备供应和交通运输等服务能力状况。

f. 当地供电、供水、供热和通信能力状况。

g. 其他与施工有关的主要因素。

(2)工程施工特点分析。工程施工特点分析应简要介绍单位工程的施工特点和施工中的关键问题,以便在选择施工方案、组织资源供应、技术力量配备以及施工组织上采取有效的措施,保证工程顺利进行。

（3）单位工程施工部署。

①单位工程施工组织设计目标应根据施工合同、招标文件以及本单位对工程管理目标的要求确定，包括进度、质量、安全、环境和成本等目标。各项目标均应满足施工组织总设计确定的总体目标。

②施工部署中的进度安排和空间组织应符合下列规定。

a. 施工部署应对本单位工程的主要分部分项工程和专项工程的施工做出统筹安排，对施工过程的里程节点进行说明。

b. 施工流水段应结合工程特点及工程量进行合理划分，并应说明划分依据及流水方向，确保均衡流水施工。单位工程施工阶段划分一般包括地基基础、主体工程、装修装饰和机电设备安装3个阶段。

c. 对于工程施工的重点和难点应进行分析，如工程量大、施工技术复杂或对工程质量起关键作用的分部分项工程。分析包括组织管理和施工技术两个方面内容。

d. 工程管理的组织机构形式应根据施工项目的规模、复杂程度、专业特点、人员素质和地址范围确定。大中型项目宜设置矩阵式项目管理机构，远离企业管理层的大中型项目宜设置事业部式项目管理组织，小型项目宜设置直线职能式项目管理组织，并确定项目经理部的工作岗位设置及其职责划分。

e. 对于工程施工中开发和使用的新技术、新工艺应做出部署，对新材料和新设备的使用应提出技术及管理要求。

f. 对主要分包工程施工单位的选择要求及管理方式应进行简要说明。

5.2.2　选择施工方案和编制施工进度计划

1. 施工方案选择

施工方案是单位工程施工组织设计的核心内容，施工方案选择是否合理，将直接影响工程的施工质量、施工速度、工程造价及企业的经济效益，故必须引起重视，因此，应对拟定的几个施工方案进行技术经济分析比较，力求选择一个施工上可行、技术上先进、经济上合理，符合施工实际情况的施工方案。

施工方案的选择一般包括4个方面的内容：施工程序的确定、确定施工流向及施工过程（分项工程）的先后顺序、施工方法、施工机械的选择。

(1)施工程序。施工程序是指单位工程中各分部工程或施工阶段的先后次序及其制约关系。施工程序体现了施工步骤上的规律性。在组织施工时，应根据不同阶段、不同的工作内容，按其固有的、不可违背的先后次序展开。

合理的施工程序应遵守如下原则。

①遵守"先地下，后地上""先土建，后设备""先主体，后围护""先结构，后装饰"的原则。

a."先地下，后地上"是指地上工程开始之前，尽量完成地下管道、管线、地下土方及设施的工程，这样可以避免给地上部分施工带来干扰和不便。

b."先土建，后设备"是指无论是工业建筑还是民用建筑，水、暖、电等设备的施工一般都在土建施工之后进行，但对于工业建筑中的设备安装工程，则应取决于工业建筑的种类，一般小设备是在土建之后进行；大的设备则是先设备后土建。

c."先主体，后围护"是指先进行主体结构施工，然后进行围护工程施工，对于多高层框架结构而言，为加快施工速度，节约工期，主体工程和围护工程也可采用少搭接或部分搭接的方式进行施工。

d."先结构，后装饰"是指先进行主体结构施工。后进行装饰工程的施工、由于影响工程施工的因素很多，所以施工顺序不是一成不变的。随着科学技术的发展，新的施工方法和施工技术会出现，其施工顺序也将会发生一定的改变，这不仅可以保证工程质量，而且也能加快施工速度。

②遵循"施工需要、组织需要"的原则，合理安排土建施工与设备安装的施工程序。如何安排好土建施工与设备安装的施工程序，一般来讲有以下3种方式。

a."封闭式"施工程序。它是土建主体结构完工以后，再进行设备安装的施工程序。这种施工程序能保证设备及设备基础在室内进行施工，不受气候影响，也可以利用已建好的设备为设备安装服务。

b."敞开式"施工程序。它是指先进行工艺机械设备的安装，然后进行土建工程的施工。这种施工程序通常适用于设备基础较大，且基础埋置较深，设备基础的施工将影响到厂房柱基的情况。

c.设备安装与土建施工同时进行。这样土建工程可为设备安装工程创造必要的条件，同时又采取了防止设备被砂浆、垃圾等污染的保护措施，从而加快了工程进度。

(2)施工流向及施工过程(分项工程)的先后顺序。

①施工流向。施工流向是指单位工程在平面上或空间上施工的开始部位及其展开的方向。对单层建筑物来讲，仅需要确定在平面上施工的起点和施工流向。对多层建筑物，除了确定

每层平面上的起点和流向外,还需确定在竖向上施工的起点和流向。

②施工过程(分项工程)的先后顺序。施工过程的先后顺序是指各施工过程之间的先后次序,也称为各分项工程的施工顺序。它的确定既是为了按照客观的施工规律来组织施工,也是为了解决各工种在时间上的搭接问题。这样就可以在保证施工质量与施工安全的条件下,充分利用空间,组织好施工。

(3)选择施工方法。在选择施工方法时,必须根据建筑结构的特点、抗震要求、工程量的大小、工期长短、资源供应状况、施工现场情况和周围环境因素,拟订出几个可行的方案。在此基础上进行技术经济分析比较,以确定较优的施工方法。选择施工方法时应遵循的原则如下。

①应根据工程特点,找出哪些项目是工程的主导项目,以便在选择施工方法时,有针对性地解决主导项目的施工问题。

②所选择的施工方法应技术先进、经济合理、满足施工工艺要求及安全施工。

③符合国家颁发施工验收规范和质量检验评定标准的有关规定。

④要与所选择的施工机械及所划分的流水工作段相协调。

⑤相对于常规做法和工人熟悉的分项工程,只需提出施工中应注意的特殊问题,不必详细拟定施工方法。

(4)施工机械的选择。在进行施工方法的选择时,必然要涉及施工机械的选择。施工机械选择得是否合理,则直接影响施工进度、施工质量、工程成本及安全施工。选择施工机械考虑的主要因素如下。

①应根据工程特点,选择适宜主导工程的施工机械。所选设备机械应在技术上可行,在经济上合理。

②在同一个建筑工地上所选择机械的类型、规格、型号应统一,以便于管理及维护。

③尽可能使所选机械一机多用,提高机械设备的生产效率。

④选择机械时,应考虑到施工企业工人的技术操作水平,尽量选用已有机械。

⑤各种辅助机械或运输工具应与主导机械的生产能力协调配套,以充分发挥主导机械的效率。

目前,建筑工地常用的机械有土方机械、打桩机械、起重机械、混凝土的制作及运输机械等。

5.2.3 施工进度计划

单位工程施工进度计划是根据单位工程设定的工期目标，对各项施工过程的施工顺序、起止时间和相互衔接关系所作的统筹策划和安排。

1. 单位工程施工进度计划的作用

施工进度计划是施工部署在时间上的体现，反映了施工顺序和各个阶段工程进展情况。单位工程施工进度计划的作用如下。

①控制单位工程的施工进度，保证在规定工期内完成符合质量要求的工程任务。

②确定单位工程的各个施工过程的施工持续时间、施工顺序、相互衔接和平行搭接协作配合关系。

③为编制季度、月度生产作业计划提供依据。

④是编制各项资源需用量计划和施工准备工作计划的依据。

2. 单位工程施工进度计划的编制依据及表示方法

（1）单位工程施工进度计划的编制依据。

①经审批的建筑总平面图、单位工程全套施工图、地质地形图、工艺设计图、设备及其基础图，采用的各种标准图等技术资料。

②施工组织总设计的有关规定。

③施工工期要求及开、竣工日期。

④施工条件、资源供应条件及分包单位情况等。

⑤主要分部（分项）工程的施工方案。

⑥施工工期定额。

⑦其他有关要求和资料，如工程合同等。

施工方法

（2）单位工程施工进度计划的表示方法。一般工程施工进度计划画横道图即可；对工程规模较大、工序比较复杂的工程宜采用网络图表示。

5.2.4 单位工程施工进度计划的编制

单位工程施工进度计划的编制步骤如图 5-3 所示。

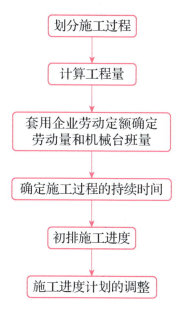

图 5-3　单位工程施工进度计划的编制步骤

5.2.5　施工准备工作与各项资源需用量计划

1. 施工准备工作

施工准备工作的基本内容包括技术准备、物质准备、施工组织准备、施工现场准备和场外协调工作准备等,这些工作有的在开工前完成,有的则可贯穿于施工过程中进行。

(1)施工技术准备。在开工前及时收集各种技术资料,包括工程地质资料、施工图、工程量清单、材料工本分析或成本分析等前期准备工作。

①施工前应组织施工人员对设计文件、图纸、资料认真进行熟悉,查对是否齐全、有无遗漏、差错或相互之间有无矛盾之处,发现差错应及时向设计单位提出补齐或更正,并做出记录。

②在研究设计图纸、资料过程中,需与现场实际情况核对,并在必要时进行补充调查,以利做好准备。

③会同甲方摸清原有地下管线及地上构造物情况,便于施工时采取保护措施,避免发生意外事故。

④做好各种原材料试验、沥青混凝土及砂浆配合比的试验工作,并报监理方审批。

⑤施工前应对测量仪器如水准仪、激光经纬仪、钢尺进行校核。

⑥对建设单位所交付的中心桩、道路控制点、雨污水管道、控制点进行检查复核。

⑦按照施工需要加密控制网,为保证控制网的可靠性,应做好保护桩。主控点(或保护

桩）均应稳固可靠，保留至工程结束。为防止差错，对主控点等重要标志至少由两组相互检查核对，并做出测量和检查核对记录。

⑧根据建设单位提供的水准点，建立施工临时水准点网，每100m设置一点。

⑨实测成果经内业计算，须符合设计及测量规范要求，并上报监理复核检测认可后，方能使用测量成果。

⑩了解沿线各单位因施工受到的影响情况以及车辆交通影响，以便提出安排方案。

⑪根据设计方案，有哪些新材料、新工艺、新机具需要事先进行科研工作。

⑫做好与设计的结合工作：进一步了解各种设计做法，并向设计单位介绍施工经验资料，使各种做法能进一步完善，减少出现较大的设计变更。

⑬各类施工工艺的设计、安排、试验、审核。

⑭编制施工机具、材料、构件加工和外购委托计划，力求保证工期进度的需要。

⑮根据建设单位的要求和提供的情况，绘制具体的施工总平面图。

⑯根据施工清单预算提出的劳动力计划，做好组织落实，保证施工需要。

（2）现场与周围环境的处理。根据本工程总平面布置和现场测量，拟建工程周围的环境要求较高。事先查明施工区域附近受施工影响的建筑物、管线，并考虑可能发生的各种问题，若发现问题，应及时采取措施迅速加以解决，防止发生意外。同时，施工中将合理安排施工作业时间，保证周围已建设施不受影响。

（3）施工现场准备。

①根据建设单位指定的水源、电源、水准点和轴线控制桩，架设水电线路和各种生产、生活用临时设施。

②清除现场障碍，搞好场地平整。围护好场地，注意环境卫生，场容整洁。

③认真组织测量放线，确保定位准备，做好控制桩和水准点。

④做好道路、排水（全现场的排水措施），特别是拌和机、生活区的污水要妥善处理。

⑤现场开工前，必需材料分期分批组织进场。

⑥坐标点的引入：项目经理部进场后，以城市规划部门及业主提供的测量点为起算依据，利用测量设备比如智能型全站仪，沿整个施工现场布设一条附和导线，进行整个场区控制。

（4）劳动力准备。根据施工进度计划，组织施工班组继续进场，并对技术性工种的施工人员进行岗位培训，实行挂证上岗；为保证工程质量和工期，优先派驻强有力的项目班子及抽调有丰富经验的班组进场施工。

建立拟建工程项目的领导机构，设立现场项目部，建立精干施工队伍，集合施工力量，组织劳动力进场，向施工队伍、工人进行施工组织设计、计划技术交底并建立健全各项管理制度。对特殊及技术工种必须持有统一考核颁发的操作作业证及技术等级证书。

①设立现场项目部。充分认识组建施工项目经理部的重要性，成立项目组织机构。施工项目经理部工人选拔思想素质高、技术能力强、一专多能的人，既能实际操作又能胜任管理。在劳务队伍的选择上，挑选施工经验丰富、勤劳苦干的优秀施工班组组织项目工程的施工；对特殊及技术工种均保证持证上岗。

②明确项目经理部领导成员职责。

a. 项目经理：直接与甲方、监理、公司总部密切联系，及时请示汇报施工中有关情况，按要求及时报送每旬(月、季、年)施工总结简报。全面负责工程实施过程，确保项目顺利建成。全面负责工程资材配备，协调理顺各部门关系。制定工程质量方针、目标，采取必要的组织、管理措施保证质量方针的贯彻执行。管理项目资金的运转，主持每月经济活动分析。直接参与对甲方的协调工作。

b. 技术总负责：全面负责工程技术、质量和安全工作，协调各专业施工技术管理。参与制定、贯彻工程质量方针。解决施工过程中出现的技术问题。负责施工过程中的质量监控。技术资料的管理。

c. 财务总负责：负责日常生产的财务管理及各种材料、设备的资金计划安排。协助项目经理做好成本控制，管理项目资金运转。负责项目经理部后勤管理工作。

③组织人员培训。培训内容为政治思想、劳动纪律、项目工程概述及承担项目任务的重要性等。

(5)材料准备。

①材料准备：根据施工组织设计中的施工进度计划和施工预算中的工料分析，编制工程所需材料用量计划，作为备料、供料和确定仓库、堆场面积及组织运输的依据，组织材料按计划进场，并做好保管工作。

②施工机具准备：拟由企业内部负责解决的施工机具，应根据需用量计划组织落实，确保按期供应。

③施工临设及常规物资：搭建临时设施及筹备各类施工工具，测量定位仪器、消防器材、周转材料等，均应提前进场，并合理分类堆放，派专人看护。

④施工用建筑材料视施工阶段进展情况计划材料进场时间，将预先编制采购计划，并报请业主及监理工程师的审核确认，所有进场物资按预先设定场地分类别堆放，并做好标识。

⑤对于一些特殊产品，根据工程进展的实际情况编制使用计划，报业主及现场监理工程师审核及批准，组织进场，同时在管理中派专人负责供料和有关事宜，如收料登记，指定场地堆放、产品保护等工作。

⑥施工现场的管材、钢材、商品砼、沥青砼、水泥稳定碎石料等均由专业供应商供货。

⑦严格按质量标准采购工程需用的成品、半成品、构配件及原材料、设备等，合理组织材料供应和材料使用并做好储运、搬运工作，做好抽样复试工作，质量管理人员对提供产品进行抽查监督。

⑧材料供应计划。

a. 工程主要材料量待中标后，按工程预算及图纸计算汇总。

b. 各种主要材料和地方材料由材料采购员有计划地采购。

c. 工程材料按工程进行需用量，提出材料进场或入库日程，后期详列材料供应计划日程表。

d. 组织进场材料检验和办理收手续。

（6）机械设备准备。

①根据施工组织中确定的施工方法，施工机具配备要求、数量及施工进度安排，编排施工机械设备需求计划。

②对大型施工机械(如挖土机、转载机、压路机、摊铺机等)的需求量和时间，向施工企业设备部门联系，提出要求，签订合同，并做好进场准备工作。

（7）岗前职工安全教育准备。认真做好"三级"安全教育工作，其中新工人(包括合同工、临时工、民工、学徒工、实习和代培人员)入场，必须进行不少于50课时的"三级"安全教育，并进行登记签字后方可上岗作业。

"三级"安全教育的级别划分是：一级安全教育指公司级，教育时间不少于15课时；二级安全教育是指项目部级，教育时间不少于15课时；三级安全教育是指班组(岗位)级，教育时间不少于20课时。

"三级"安全教育的内容包括：一级安全教育的内容为安全生产的方针、政策、法律、法规、标准、规范，行业和企业的安全生产规章制度，企业安全生产的特点等；二级安全教育的内容为项目安全生产规章制度和要求，安全生产的特点，可能存在的不安全因素及注意事项；三级安全教育的内容为班组(岗位)安全生产的特点，主要包括危险和防护要求，本工程安全操作规程，"三不伤害"自我保护要求，事故案例剖析，劳动纪律和岗位讲评等。

2. 资源需用量计划

单位工程施工进度计划编制确定以后，便可以编制相应的资源供应计划和施工准备工作计划(主要材料、预制构件、门窗等的需用量和加工计划；编制施工机具及周转材料的需用量和进场计划)。以便按计划要求组织运输、加工、订货、调配和供应等工作，保证施工按计划，顺利地进行；它们是做好劳动力与物资的供应、平衡、调度、落实的依据，也是施工单位编制施工作业计划的主要依据之一。

(1)劳动需用量计划。劳动力需要量计划,主要用于调配劳动力、安排生活福利设施。劳动力的需要量是根据单位工程施工进度计划中所列各施工过程每天所需人工数之和确定的。各施工过程劳动力进场时间和用量的多少,应根据计划和现场条件而定。见表5-6、表5-7。

表5-6　劳动力需要量计划

序号	工种	人数(人) 基础、主体阶段	人数(人) 装饰阶段	备注
1	钢筋工	80	0	各工种工人根据施工进度需要进场
2	钢结构安装工	60	0	
3	模板工	120	0	
4	脚手架	30	0	
5	混凝土工	20	0	
6	瓦工	40	0	
7	抹灰工	10	80	
8	电工	30	60	
9	室内管道工	20	40	
10	机械工	10	0	
11	粉刷工	8	60	
12	塔吊工	4	0	
13	木工	0	12	
14	油漆工	0	60	
15	防水工	10	40	
16	外保温工	—	60	
17	门窗工	—	40	
18	幕墙工	—	25	
19	吊顶工	—	80	
20	粘砖工	—	60	
21	室外管道	—	50	

表 5-7 劳动力需要量计划

序号	工种	最高峰数量	2020年1月			2020年2月			2020年3月			2020年4月		
			上旬	中旬	下旬	上旬	中旬	下旬	上旬	中旬	下旬	上旬	中旬	下旬
1	模板工	20	—	4	12	18	18	20	20	20	20	20	20	20
2	钢筋工	20	—	4	12	18	18	20	20	20	20	20	20	20
3	混凝土工	12	—	4	4	8	8	12	12	12	12	12	12	12
4	架子工	24	—	—	—	20	20	24	24	24	24	24	24	24
5	电焊工	8	—	2	4	8	8	8	8	8	8	8	8	8
6	机械工	8	4	4	8	8	8	8	8	8	8	8	8	8
7	力工	40	12	12	24	32	32	40	40	40	40	40	40	40
8	电工	4	—	2	4	4	4	4	4	4	4	4	4	4
9	防水工	14												
10	砖工	23												
11	装饰工	30												
12	测量工	6	—	4	6	6	6	6	6	6	6	6	6	6
	合计	142	16	36	74	74	90	122	142	142	142	142	142	142

（2）主要材料需要量计划。材料需要量计划，主要为组织备料，确定仓库、堆场面积、组织运输之用，以满足施工组织计划中各施工过程所需的材料供应量。材料需要量是将施工进度表中各施工过程的工程量，按材料名称、规格、使用时间、进场量等并考虑各种材料的贮备和消耗情况进行计算汇总，确定每天（或月、旬）所需的材料数量，见表5-8。

表 5-8 主要材料需要量计划

序号	材料名称	单位	计划总用量	计划用量 2020年										
				1月	2月	3月	4月	5月	6月	7月	8月	9月	10月	11月
1	商品砼	m^3												
2	钢筋	t												
3	中砂	m^3												
4	中粗砂	m^3												
5	砂碎	m^3												
……	……	……	……											

(3)施工机械需用量计划。根据采用的施工方案和安排的施工进度来确定施工机械的类型、数量、进场时间。施工机械需用量是把单位工程施工进度中的每一个施工过程,每天所需的机械类型、数量和施工日期进行汇总。对于机械设备的进场时间,应该考虑设备安装和调试所需的时间,见表5-9。

表5-9 施工机械需用量计划

序号	名称	规格	功率	数量	总用电量kW	备注
1	塔吊	QTZ63	34.7kW	2	68	
2	静压机		120kW	1	120	
3	汽车吊	QY16D		3	0	
4	汽车吊	QY50K		6	0	
5	反铲挖掘机	PC200-8	110kW	3	0	
……	……					
总计(kW)						

5.2.6 单位工程施工平面图

单位工程施工平面图是对一个建筑物或构筑物施工现场的平面规划和空间布置图。它是根据工程规模、特点和施工现场的条件,按照一定的设计原则,正确地解决施工期间所需要的各种暂设工程和其他设施与永久性建筑物和拟建建筑物之间的合理位置关系。

1. 单位工程施工平面图的设计内容

单位工程施工平面图通常用1:200~1:500的比例绘制,一般应在图上标明下列内容。

(1)施工区域范围内一切已建和拟建的地上、地下建筑物、构筑物和各种管线及其他设施的位置和尺寸,并标注出道路、河流、湖泊等位置和尺寸及指北针、风向玫瑰图等。

(2)测量放线标桩位置、地形等高线和取弃土方场地。

(3)自行式起重机开行路线,垂直运输机械的位置。

(4)材料、构件、半成品和机具的仓库或堆场。

(5)生产、办公和生活用临时设施的布置,如搅拌站、泵站、办公室、工人休息室及其他需搭建的临时设施。

(6)场内施工道路的布置及其与场外交通的联系。

(7)临时给排水管线、供电线路、供气、供热管道及通信线路的布置,水源、电源、变压器位置确定,现场排水沟渠及排水方向的考虑。

(8)脚手架、封闭式安全网、围挡、安全及防火设施的位置。

(9) 劳动保护、安全、防火及防洪设施布置及其他需要布置的内容。

2. 单位工程施工平面图的设计依据

单位工程施工平面图设计的主要依据包括以下几项。

(1) 施工现场的自然资料和技术经济资料。

(2) 项目整体建筑规划平面图。

(3) 施工方面的资料。

3. 单位工程施工平面图的设计原则

单位工程施工平面图的设计一般遵循以下原则。

(1) 在满足施工的条件下，场地布置要紧凑，施工占用场地要尽量小，以不占或少占农田为原则。

(2) 最大限度地缩小场地内运输量，尽可能减少二次搬运，各种主要材料、构配件堆场宜布置在塔吊有效服务范围之内，大宗材料和构件应靠近使用地点布置；在满足连续施工的条件下，各种材料应按计划分批进场，充分利用场地。

(3) 最大限度地减少暂设工程的费用，尽可能利用已有或拟建工程。例如，利用原有水、电管线、道路、原有房屋等为施工服务；利用可装拆式活动房屋，利用当地市政设施等。

(4) 在保证施工顺利进行的情况下，要满足劳动保护、安全生产和防火要求。对于易燃、易爆、有毒设施，要注意布置在下风向，保持安全距离；对于电缆等架设要有一定高度；注意布置消防设施，雨期施工应考虑防洪、排涝措施等。

4. 单位工程施工平面图的设计步骤

一般情况下，单位工程施工平面图设计步骤为：确定垂直运输机械的位置→确定搅拌站、加工厂、仓库及各种材料、构件堆场的位置→确定现场运输道路的布置→行政、文化、生活、福利用地等临时设施的布置→水电管网的布置。

单 元 总 结

本章介绍了施工组织总设计和单位工程施工组织设计的作用、编制程序和依据。第一部分阐述了总进度计划及总平面图编制的内容与方法等，重点阐述了施工组织总设计的内容、施工部署和施工方案编制的主要内容。第二部分阐述了单位工程施工组织设计编制的内容及方法等，重点阐述了单位工程施工方案的选择、施工进度计划的编制、单位工程施工平面图的设计、施工准备工作与各项资源需用量计划等内容。

习 题

一、填空题

1. (　　　　)、(　　　　　　)是第一项重点内容,是编制施工进度计划和进行施工总平面图设计的依据。

2. 可行施工总进度计划可以用(　　　　　　)或(　　　　　　)形式表达。

3. 可行施工总进度计划编制完成后,应对其进行检查,检查内容包括(　　　　　)、(　　　　)、(　　　　　)等。

4. 总体施工准备包括(　　　　)、(　　　　)和(　　　　)。

5. (　　　　　　)是按照施工部署、施工方案、施工总进度计划及资源需用量计划的要求,将施工现场作出合理的规划与布置,以总平面图表示。

二、选择题

1. 总体施工准备不包括(　　)。

   A. 技术准备　　　B. 现场准备　　　C. 资金准备　　　D. 材料准备

2. 施工组织总设计是指以若干(　　)组成的群体工程或特大型项目为主要对象编制的施工组织设计,对整个项目的施工过程起统筹规划、重点控制的作用。

   A. 建设工程　　　B. 建设项目　　　C. 单项工程　　　D. 单位工程

3. 可行施工总进度计划可用(　　)或网络图形式表达。

   A. 横道图　　　B. 计划表　　　C. 工作计划　　　D. 施工图

4. 下列内容中,不属于单位工程施工组织设计的内容的是(　　)。

   A. 施工进度计划　　　　　　　B. 施工平面图
   C. 施工日志　　　　　　　　　D. 工程概况

5. 单位工程施工组织设计是以(　　)为对象,直接指导现场施工活动的技术文件。

   A. 建设项目　　　B. 单项工程　　　C. 单位工程　　　D. 分部工程

6. 单位工程施工组织设计包括工程概况、施工方案及(　　)等方面的内容。

   A. 施工进度计划表　　　　　　B. 作业进度计划表
   C. 准备工作计划表　　　　　　D. 加工供应计划表

7. 单位工程施工组织设计编制的程序中,在编制施工准备工作计划与计算技术经济指标之间的工作是(　　)。

   A. 编制施工进度计划　　　　　B. 编制运输计划
   C. 布置施工平面图　　　　　　D. 计算工程量

8. 合理选择(　　)是单位工程施工组织设计的核心。
   A. 施工方法　　　B. 施工顺序　　　C. 施工机械　　　D. 施工方案
9. 单位工程施工平面设计首先确定(　　)位置。
   A. 引入水电　　　B. 引入道路　　　C. 起重运输机械　D. 临时设施
10. 单位工程控制性施工计划是以(　　)作为施工项目划分为对象。
    A. 分项工程　　　B. 分部工程　　　C. 施工过程　　　D. 施工工序

三、简答题

1. 施工组织总设计的编制依据有哪些？
2. 施工组织总设计由哪些内容组成？
3. 简述施工总进度计划的编制步骤。
4. 影响建设工程施工进度的因素有哪些？
5. 结合实践，谈谈编制单位工程施工组织设计时应注意的问题。

单元 6

建筑工程安全管理和文明施工管理

教学目标

【知识目标】

1. 了解建筑施工安全法律法规；了解引发安全事故的原因。
2. 熟悉施工项目现场文明施工和环境保护的意义及措施。
3. 掌握施工现场安全管理制度、安全技术标准；掌握安全检查的内容和形式；掌握施工安全事故的调查处理程序和处理措施。

【能力目标】

1. 通过本单元学习，学生应具备运用安全技术标准进行现场管理、编制分部分项工程安全技术交底、开展安全教育工作的能力。
2. 通过本单元学习，学生具备发现一般安全隐患并及时有效处理的能力。

单元 6 建筑工程安全管理和文明施工管理

思维导图

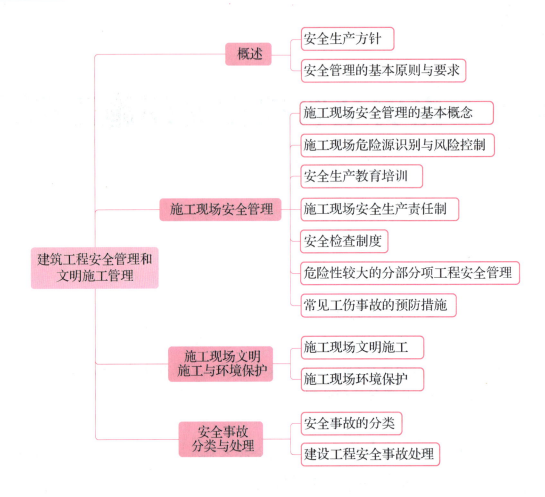

6.1 概　述

建筑工程安全管理和文明施工管理是建筑工程项目管理的一项重要内容。近年来，随着我国经济的快速发展，投资规模不断扩大，建筑业迅猛发展，建筑安全生产伤亡事件时有发生，对国民经济造成了重大损失，对施工安全生产工作提出了新的挑战。

6.1.1　安全生产方针

我国安全生产方针是：安全第一，预防为主，综合治理。

"安全第一"是安全生产方针的基础，应当在保证劳动者安全生产的条件下进行生产劳动。安全在建筑生产活动中居于首要位置。

6.1 概　　述

"预防为主"是安全生产方针的核心和具体体现，是实施安全生产的根本途径。"预防为主"是指在建筑生产活动中，针对建筑生产的特点，对生产要素采取管理措施，有效地控制不安全因素的发展与扩大，把可能发生的事故消灭在萌芽状态，以保证生产活动中人的安全与健康。

综合治理指统筹一切有利的因素进行安全工作，将安全生产责任制、安全措施、安全管理、安全教育培训及安全事故的处理等通过"预防"的方式体现出来，通过责任制落实出来，确保整个建筑生产过程中的安全，促进生产的有效发展。

安全生产方针是完整的统一体，坚持安全第一，必须以预防为主，实施综合治理；只有认真治理隐患，有效防范事故，才能把安全第一落到实处。

6.1.2　安全管理的基本原则与要求

1. 坚持"管生产必须管安全"原则、"安全具有否决权"原则

"管生产必须管安全"原则强调安全寓于生产之中，并对生产发挥促进与保证作用。一切与生产有关的机构、人员，都必须参与安全管理并承担安全责任。它体现了安全和生产的统一，生产和安全是一个有机的整体，两者不能分割。也就是说，安全管理和生产管理的目标及目的高度的一致和完全的统一。

"安全具有否决权"原则强调安全生产工作是衡量建设工程项目管理的一项基本内容，它要求在对项目各项指标考核、评优创先时，首先必须考虑安全指标的完成情况。

2. 明确安全管理的目的性

安全管理的目的是对生产中的人、物、环境因素状态的管理，有效地控制人的不安全行为和物的不安全状态，才能消除或避免事故，达到保护劳动者安全与健康的目的。

3. 坚持做到"四不伤害"，落实"三不违反"

安全生产全体人员必须牢记不伤害自己、不伤害他人、不被他人伤害、保护他人不受伤害"四不伤害"；切实落实不违章指挥、不违章操作、不违反劳动纪律"三不违反"的安全禁止性规定。

4. 建设工程安全管理是一项系统工程

安全管理需要结合多种学科的理论与办法，从不同学科的侧面，研究工程中对人体造成伤害的因素，只有构建"政府统一领导、部门依法监管、企业全面负责、群众参与监督、全社会广泛支持"的安全生产工作格局，才能全面保护从业人员的安全与健康。

6.2 施工现场安全管理

6.2.1 施工现场安全管理的基本概念

(1)安全生产管理是指针对人们生产过程的安全问题,运用有效的资源,发挥人们的智慧,通过人们的努力,进行有关决策、计划、组织和控制等活动,实现在生产过程中人与机器设备、物料、环境的和谐,达到安全生产的目标。

(2)安全生产管理的目标:减少和控制危险,减少和控制事故,尽量避免生产过程中由于事故所造成的人身伤害、财产损失、环境污染及其他损失。

(3)安全生产管理的内容:包括安全生产管理机构和安全生产管理人员、安全生产责任制、安全生产管理规章制度、安全生产策划、安全培训教育、安全生产档案等。

6.2.2 施工现场危险源识别与风险控制

危险源的识别是预防事故的切入点,常见的人的不安全行为、物的不安全状态、环境的不良及管理缺陷都归结为危险源。

分部分项工程施工前,项目部应组织全体管理人员进行危险源识别和风险评价,形成清单,明确风险等级和具体的风险控制措施(包括工程技术措施和管理措施)。在施工前,由工程技术人员向全体参与施工的人员(包括管理人员和操作人员)进行告知和交底,并在施工区域进行公示,安全员在施工过程中对照清单进行巡查、监督。

1. 施工现场危险源辨识的范围

施工现场危险源辨识以工程项目施工过程的辨识为主要内容,以分部分项工程实现的工艺流程为主线,加上固定区域(材料库房、固定存放区等)、施工机具及临时生产加工区(木工棚、钢筋棚、安装加工区)、办公区、生活区等区域。

2. 危险源辨识应考虑的内容

(1)常规和非常规活动:如极端气象条件(暴风雪、暴雨、六级以上的大风等)、供电中断、紧急情况、设备的清洁、非预定的维修、紧急情况(坍塌急救、中毒窒息急救、触电急救等)。

（2）进入施工区的所有人员的活动：包括分包、监理、建设单位、材料供方、参观人员等。

（3）源于场外对工作场所内人员的健康安全产生不利影响的危险源：如施工围墙外的信号发射塔、高压输电线、天然气管道等。

（4）项目部所使用的基础设施、设备和材料：包括搭建的临建、工棚，及租赁的民房、起重机械、钢管、扣件等。

（5）自身产生的、越过工作场所边界的危险源：如塔式起重机的大臂吊物伸出围墙外，在建物距围墙距离小于坠落半径范围等。

（6）人的不安全行为。《企业职工伤亡事故分类》GB 6441 列举了常见的人的不安全行为，为日常安全管理工作中识别人的不安全行为予以提示。

①操作错误、忽视安全、忽视警告。

②造成安全装置失效。

③使用不安全设备。

④用手代替工具操作。

⑤物体(如成品、半成品、材料、工具等)存放不当。

⑥冒险进入危险场所。

⑦攀、坐不安全位置。

⑧在吊物下作业、停留。

⑨机器运转时加油、修理、检查、调整、焊接、清扫等。

⑩有分散注意力的行为。

⑪在必须使用个人防护用品用具的作业或场合中，忽视其使用。

（7）物的不安全状态和管理缺陷的识别。

①《企业职工伤亡事故分类》GB 6441 列举了常见的物的不安全状态和管理缺陷。

②《生产过程危险和有害因素分类与代码》GB/T 13861 也列举了常见的六类危险源。

③《建筑施工安全检查标准》JGJ 59 的 19 项检查评分表，列举了房屋建筑工程施工过程常见的物的不安全状态和管理缺陷。

（8）由于施工工艺变更、建设单位的设计变更产生的新的危险源。

3. 降低危险源风险的控制方法

控制措施的确定首先是考虑消除危险源；其次是降低风险；最后是采用个体防护装备。应用控制措施层级优先选择顺序如下。

（1）消除——改变设计或施工工艺以消除危险源。

（2）替代——用低危害物质替代或降低系统能量。

（3）工程控制措施——安装防护栏杆、机械防护、连锁装置、隔声罩、通风等。

(4) 标示、警告和(或)管理控制措施——安全标志、危险区域标识、发光标志、人行道标识、警告器或警示灯、报警器、安全规程、设备检修、门禁控制、作业安全制度、操作规程牌和作业许可等。

(5) 个体防护装备——安全帽、安全带和安全锁、防护眼镜、面罩、听力保护器、口罩、绝缘手套、防护鞋等。

6.2.3　安全生产教育培训

安全生产教育一般包括对管理人员、特种作业人员和企业员工的安全教育。

1. 管理人员的安全教育

(1) 项目经理、项目技术负责人和技术干部的安全教育。项目经理的安全教育每年不少于30学时，专职管理和技术人员每年不少于40学时，其他管理和技术人员每年不少于20学时。教育的主要内容包括：安全生产方针、政策和法律、法规，项目经理部安全生产责任，典型事故案例剖析，本系统安全及其相应的安全技术知识。

(2) 班组长和安全员的安全教育。班组长和安全员每年不少于40学时的安全教育学习。其主要内容包括：安全生产法律、法规，安全技术及技能，职业病和安全文化的知识，本企业、本班组和工作岗位的危险因素、安全注意事项，本岗位安全生产职责，典型事故案例，事故抢险与应急处理措施。

2. 特种人员的安全教育

(1) 特种作业是指对操作者本人，尤其对他人或周围设施的安全有重大危害因素的作业。

(2) 特种作业人员的范围。按照《特种作业人员安全技术培训考核管理规定》，电工作业人员、锅炉司炉、操作压力容器者、起重机械作业人员、爆破作业人员、金属焊接(气割)作业人员、煤矿井下瓦斯检验者、机动车辆驾驶人员、机动船舶驾驶人员及轮机操作人员、建筑登高架设作业者，以及符合特种作业人员定义的其他作业人员，均属特种作业人员。

(3) 特种作业人员的安全教育。由于特种作业人员较一般作业的危险性更大，所以，特种作业人员必须经过安全培训和严格考核。对特种作业人员的安全教育应注意以下3点。

①特种作业人员上岗前，必须经过专门的安全技术和操作技能的培训教育，这种培训教育要实行理论教学与操作技术训练相结合的原则，重点放在提高其安全操作技术和预防事故的实际能力上。

②培训后经考核合格后方可取得操作证，并准许独立作业。

③取得操作证的特种作业人员必须定期进行复审。复审期限除机动车辆驾驶按国家有关规定执行外，其他特种作业人员两年进行一次。凡未经复审者不得继续独立作业。

3. 企业员工的安全教育

企业员工的安全教育主要有新员工上岗前三级安全教育、改变工艺和变换岗位安全教育、经常性安全教育3种形式。

(1)新员工上岗前三级安全教育，通常指进厂、进车间、进班组三级；对建筑工程来说，具体指企业(公司)、项目部(或工区、工程处、施工队)、班组三级。

企业新员工上岗前必须进行三级安全教育，企业新员工须按规定通过三级安全教育和实际操作训练，并经考核合格后方可上岗。

(2)改变工艺和变换岗位安全教育。企业或项目在实施新工艺、新技术或使用新设备、新材料时，必须对有关人员进行相应级别的安全教育，要按新的安全操作规程教育和培训参见操作的岗位员工和有关人员，使其了解新工艺、新设备、新产品的安全性能及安全技术，以适应新的岗位作业的安全要求。

当组织内部员工发生从一个岗位调到另外一个岗位，或从某工种改变为另一工种，或因放长假离岗一年以上重新上岗的情况，企业必须进行相应的安全技术培训和教育，以使其掌握现岗位安全生产特点和要求。

(3)经常性安全教育。无论何种安全教育都不可能是一劳永逸的，必须坚持不懈、经常不断地进行，这就是经常性安全教育。在经常性安全教育中，安全思想、安全意识教育最重要。进行安全思想、安全意识教育，要通过采取多种多样形式的安全教育活动，激发员工搞好安全生产的热情，促使员工重视和真正实现安全生产。经常性安全教育的形式有：每天的班前班后会上说明安全注意事项，安全活动日，安全生产会议，事故现场会，张贴安全生产招贴画、宣传标语及标志等。

6.2.4 施工现场安全生产责任制

安全生产责任制是最基本的安全管理制度，是所有安全生产管理制度的核心。安全生产责任制是按照安全生产管理方针和"管生产的同时必须管安全"的原则，将各级负责人员、各职能部门及其工作人员和各岗位生产工人在安全生产方面应做的事情及应负的责任加以明确规定的一种制度。安全生产责任制的主要内容包括以下方面。

1. 项目经理的安全生产责任

项目经理是施工项目安全生产的第一责任人，在项目代表企业法人履行企业各项法定的安全生产责任和合同约定的义务，因此，项目经理必须了解我国法律法规和规范性文件对项目经理安全责任的规定。

《建设工程安全生产管理条例》第21条第二款规定：施工单位的项目负责人应当由取得相

应执业资格的人员担任,对建设工程项目的安全施工负责,落实安全生产责任制度、安全生产规章制度和操作规程,确保安全生产费用的有效使用,并根据工程的特点组织制定安全施工措施,消除安全事故隐患,及时、如实报告生产安全事故。

《建筑施工项目经理质量安全责任十项规定(试行)》(建质〔2014〕123号)中规定,项目经理的质量安全生产责任如下。

(1)建筑施工项目经理(以下简称项目经理)必须按规定取得相应执业资格和安全生产考核合格证书;合同约定的项目经理必须在岗履职,不得违反规定同时在两个及两个以上的工程项目担任项目经理。

(2)项目经理必须对工程项目施工质量安全负全责,负责建立质量安全管理体系,负责配备专职质量、安全等施工现场管理人员,负责落实质量安全责任制、质量安全管理规章制度和操作规程。

(3)项目经理必须按照工程设计图纸和技术标准组织施工,不得偷工减料;负责组织编制施工组织设计,负责组织制定质量安全技术措施,负责组织编制、论证和实施危险性较大分部分项工程专项施工方案;负责组织质量安全技术交底。

(4)项目经理必须组织对进入现场的建筑材料、构配件、设备、预拌混凝土等进行检验,未经检验或检验不合格的,不得使用;必须组织对涉及结构安全的试块、试件及有关材料进行取样检测,送检试样不得弄虚作假,不得篡改或者伪造检测报告,不得明示或暗示检测机构出具虚假检测报告。

(5)项目经理必须组织做好隐蔽工程的验收工作,参加地基基础、主体结构等分部工程的验收,参加单位工程和工程竣工验收;必须在验收文件上签字,不得签署虚假文件。

(6)项目经理必须在起重机械安装、拆卸,模板支架搭设等危险性较大分部分项工程施工期间现场带班;必须组织起重机械、模板支架等使用前验收,未经验收或验收不合格的不得使用;必须组织起重机械使用过程日常检查,不得使用安全保护装置失效的起重机械。

(7)项目经理必须将安全生产费用足额用于安全防护和安全措施,不得挪作他用;作业人员未配备安全防护用具,不得上岗;严禁使用国家明令淘汰、禁止使用的危及施工质量安全的工艺、设备、材料。

(8)项目经理必须定期组织质量安全隐患排查,及时消除质量安全隐患;必须落实住房和城乡建设主管部门和工程建设相关单位提出的质量安全隐患整改要求,在隐患整改报告上签字。

(9)项目经理必须组织对施工现场作业人员进行岗前质量安全教育,组织审核建筑施工特种作业人员操作资格证书,未经质量安全教育和无证人员不得上岗。

(10)项目经理必须按规定报告质量安全事故,立即启动应急预案,保护事故现场,开展应急救援。

同时，要求施工企业应当定期或不定期对项目经理履职情况进行检查，发现项目经理履职不到位的，及时予以纠正；必要时，按照规定程序更换符合条件的项目经理。要求住房和城乡建设主管部门应当加强对项目经理履职情况的动态监管，在检查中发现项目经理违反上述规定的，依照相关法律法规和规章实施行政处罚，同时对相应违法违规行为实行记分管理，行政处罚及记分情况应当在建筑市场监管与诚信信息发布平台上公布。

2. 项目关键岗位人员安全生产责任

（1）项目技术负责人的安全生产责任。

①对项目的施工安全技术负分管领导责任。

②具体负责国家和地方有关安全生产的技术标准实施。

③组织危险性较大工程的识别，组织编制、审核工程安全技术措施和专项施工方案，履行相应论证、审批程序，并对超过一定规模的危险性较大工程专项施工方案实施过程进行监测和预警。

④组织新技术、新设备、新材料、新工艺安全技术措施的制定，监督指导安全技术措施的实施。

⑤参与项目安全技术教育。工程开工前，负责对项目和分包单位施工管理及相关人员进行安全技术总交底；结构复杂、危险性较大分项工程施工前，负责对项目和分包单位管理人员和操作人员进行专项施工方案的技术交底。

⑥协助项目经理组织危险性较大工程专项施工方案实施的验收，并签署意见。

⑦根据建设单位或监理单位签发的变更及施工环境变化，及时补充完善工程安全技术措施或专项施工方案。

⑧组织编制项目生产安全事故应急预案并指导演练。如发生生产安全事故，应亲临现场指导实施救援。

（2）项目安全员的安全生产责任。

①宣传国家和地方安全生产的法律法规、标准规范和企业、项目的安全生产规章制度，并监督检查执行情况，对项目的安全生产负监督管理责任。

②协助项目经理建立健全项目安全管理制度、实施职业健康安全教育培训。

③参加危险性较大工程专项方案论证和分项工程安全技术交底会，监督检查安全技术措施的实施，参加安全技术措施实施验收。

④参加项目定期安全检查，对发现的事故隐患下发书面整改通知、告知操作人员，涉及分包单位的，书面通知分包单位限期整改，并负责跟踪验证。

⑤负责施工现场日常安全监督检查并做好检查记录，对发现的事故隐患督促立即整改，必要时报告项目经理；对于发现的重大事故隐患，有权采取局部停工措施，立即报告项目经理，同时书面通知分包单位限期整改，并有权向企业安全生产管理机构报告。

⑥监督危险性较大工程安全专项施工方案实施，发现未严格执行专项方案的情况应立即向项目技术负责人报告。

⑦监督检查劳保用品的发放和正确使用。

⑧监督指导施工现场安全警示标志和操作规程牌的设置和维护。

⑨对管理人员和作业人员违章违规行为进行纠正或查处；涉及分包单位人员的，书面告知分包单位。

⑩依照企业制度报告安全生产信息，参与事故应急救援和处理；负责安全管理内业资料的收集、整理、归档工作。

（3）项目施工员的安全生产责任。

①对所管的分项工程、分包单位和作业班组的安全生产负直接管理责任。

②组织实施所管分项工程安全技术措施和专项安全施工方案，落实各项安全监控、监测措施。若所管工程施工危险性较大，组织分包单位实施前安全确认。

③组织核查所管分包和作业人员的安全资格，发现不具备相应资格和未经安全教育的，有权拒绝安排任务和采取停工措施。

④组织对所管分包单位和作业班组的人员实施进场和经常性安全教育培训。

⑤对所管理的作业班组，结合分项工程特点和专项施工方案规定，实施施工前和季节性的安全技术交底，并督促落实安全技术措施。

⑥对所管分项工程所使用的设备、设施、安全措施所需材料组织进场和使用前的验收。

⑦参加所管分项工程安全技术措施和危险性较大工程实施验收，必要时向分包单位办理设施及施工区域移交手续。

⑧参加安全检查，对检查出的问题和隐患，按照分工负责限期落实整改措施。

⑨协调所管施工区域多个分包单位的安全管理和施工平面布置的动态管理。

⑩如发生生产安全事故，应立即组织抢救、保护现场，并及时报告项目经理。

（4）项目机械员的安全生产责任。

①对项目机械设备的安全负直接管理责任。负责落实国家、地方和企业机械设备管理的各项制度，协助项目经理制定项目机械设备安全管理制度，并检查监督执行情况。

②协助项目经理审查机械设备产权单位的资格、机械设备的技术文件和性能、操作人员的资格等；负责审查和收集产权单位、操作人员及机械设备的相关有效技术档案。收集租赁合同和安全管理协议。

③协助项目经理审查和收集建筑起重设备产权单位的安装资质、安全许可证和人员的资格，组织实施安装拆卸人员及安全交底和进场安全教育。

④参与组织设备进场安装前的联合验收，防止报废、淘汰或禁止使用的设备进场。

⑤负责进场建筑起重设备作业人员资格的审查。组织机械设备操作、指挥、检修等人员

的安全交底和安全教育，并监督安全技术操作规程的执行。

⑥督促产权单位实施建筑起重设备安装、拆卸，告知和使用前的检测、验收及使用登记等工作。

⑦检查机械设备的安全使用、维修保养；监督建筑起重设备产权单位实施设备的定期检查、维修保养制度，收集相应记录。

⑧负责对机械设备及其安全装置、吊具、索具等进行经常性和定期检查，发现隐患书面通知产权单位整改，必要时有权采取停用措施。

⑨负责进场机械设备的安全管理，并建立相应的技术档案。参与机械设备事故的调查处理。

6.2.5 安全检查制度

安全检查制度是清除隐患、防止事故、改善劳动条件的重要手段，是企业安全生产管理工作的一项重要内容。通过安全检查可以发现企业及生产过程中的危险因素，以便有计划地采取措施，保证安全生产。

1. 安全检查的主要形式

（1）全面安全检查。全面安全检查包括职业健康安全管理方针、管理组织机构及其安全管理的职责、安全设施、操作环境、防护用品、卫生条件、运输管理、危险品管理、火灾预防、安全教育和安全检查制度等内容。

（2）经常性安全检查。工程项目部和班组应开展经常性安全检查，及时排除事故隐患。工作人员必须在工作前，对所用的机械设备和工具进行仔细检查，发现问题立即上报。下班前，还必须进行班后检查，做好设备的维修保养和清整场地等工作，保证交接安全。

（3）专业或专职安全管理人员的专业安全检查。专业或专职安全管理人员在进行安全检查时，必须不徇私情，按章检查，发现违章操作情况要立即纠正，发现隐患及时指出并提出相应防护措施，并及时上报检查结果。

（4）季节性安全检查。要对防风沙、防涝抗旱、防雷电、防暑防害等工作进行季节性检查，根据各个季节自然灾害的发生规律，及时采取相应的防护措施。

（5）节假日检查。节假日必须安排专业安全管理人员进行安全检查，对重点部位进行巡视。同时配备一定数量的安全保卫人员，搞好安全保卫工作。

（6）要害部门重点安全检查。对企业要害部门和重要设备必须进行重点检查。

2. 安全检查的主要内容

安全检查的主要内容包括查思想、查管理、查隐患、查整改、查事故处理。

3. 施工安全检查方法

施工安全检查在正确使用安全检查表的基础上,可以采用"问""看""量""测""运转试验"等方法进行。

(1)"问"主要是指通过询问、提问,对以项目经理为首的现场管理人员和操作工人进行的应知应会抽查,以便了解现场管理人员和操作工人的安全意识和安全素质。

(2)"看"主要是指查看施工现场安全管理资料和对施工现场进行巡视。例如,查看项目负责人、专职安全管理人员、特种作业人员等的持证上岗情况;现场安全标志设置情况;劳动防护用品使用情况;现场安全防护情况;现场安全设施及机械设备安全装置配置情况;劳动防护用品使用情况;现场安全设施及机械设备安全装置配置情况;"三安"(安全帽、安全带、安全网)的使用情况,"四口"(在建工程预留洞口、电梯井口、通道口、楼梯口)、"五临边"(在建工程的楼面临边、屋面临边、阳台临边、升降口临边、基坑临边)的防护情况等。

(3)"量"主要是指使用测量工具对施工现场的一些设施、装置进行实测实量。

(4)"测"主要是指使用专用仪器、仪表等监测器具对特定对象关键特性技术参数的测试。

(5)"运转试验"主要是指由具有专业资格的人员对机械设备进行实际操作、试验,检验其运转的可靠性或安全限位装置的灵敏性。

6.2.6 危险性较大的分部分项工程安全管理

1. 危险性较大的分部分项工程的含义

住房和城乡建设部令第37号《危险性较大的分部分项工程安全管理规定》中关于危险性较大的分部分项工程的定义为:房屋建筑和市政基础设施工程在施工过程中,容易导致人员群死群伤或者造成重大经济损失的分部分项工程。

2. 危险性较大的分部分项工程的范围

住房和城乡建设部办公厅关于实施《危险性较大的分部分项工程安全管理规定》有关问题的通知(建办质〔2018〕31号)中,危险性较大的分部分项工程范围包括基坑工程、模板工程及支撑体系、起重吊装及起重机械安装拆卸工程、脚手架工程、拆除工程、暗挖工程等。

3. 危险性较大的分部分项工程安全专项施工方案管理

施工单位应当在危险性较大的分部分项工程施工前组织工程技术人员编制专项施工方案。实行施工总承包的,专项施工方案应当由施工总承包单位组织编制;危险性较大的分部分项工程实行分包的,专项施工方案可以由相关专业分包单位组织编制。

危险性较大的分部分项工程安全专项施工方案包括的内容：工程概况、编制依据、施工计划、施工工艺技术、施工安全保证措施、施工管理及作业人员配备和分工、验收要求、应急处置措施、计算书及相关施工图纸。

专项施工方案应当由施工单位技术负责人审核签字、加盖单位公章，并由总监理工程师审查签字、加盖执业印章后方可实施。实行分包并由分包单位编制专项施工方案的，专项施工方案应当由总承包单位技术负责人及分包单位技术负责人共同审核签字并加盖单位公章。

超过一定规模的危险性较大的分部分项工程，施工单位应当组织召开专家论证会对专项施工方案进行论证。

6.2.7 常见工伤事故的预防措施

1. 高处坠落事故的预防措施

高处坠落是指在高处作业中发生坠落造成的伤亡事故。凡在坠落高度基准面2m以上（含2m）有可能坠落的高处进行的作业。从临边、洞口，包括屋面边、楼板边、阳台边预留洞口、楼梯口等处坠落；在物料提升机和塔式起重机安装、拆除过程中坠落；混凝土构件浇筑时因模板支撑失稳倒塌，及安装拆除模板时坠落；结构和设备吊装及电动吊篮施工时坠落。

（1）支搭脚手架要求。2m以上的各种脚手架，均要按规程标准支搭，凡铺脚手板的施工层都要在架子外侧绑护身栏和挡脚板。施工层脚手板必须铺严，架子上不准留单跳板、探头板。脚手板与建筑物的间隙不得大于20cm。

在施工中，采用脚手架做外防护时，防护高度必须保持在1m以上，在防护高度不足1m时，要先增高防护后才能继续施工。高层脚手架要做到"五有"，即有设计、有计算、有施工图、有书面安全技术交底、有上级技术领导审批。

（2）专用脚手架。安装电梯的专用脚手架主要有两种：一种是钢管组装式电梯井架子；另一种是钢丝绳吊挂式电梯井架子。这两种脚手架均应按规定支搭，确保施工安全。

（3）工具式脚手架。工具式脚手架主要有插口架子、吊篮架子和桥式架子。

①插口架子就位和拆移时必须严格遵循"先别后摘、先挂后拆"的基本操作程序，"先别后摘"就是在塔式起重机吊着插口架子与建筑物就位固定时，要先将插进窗口的插口用木方子别好背牢，然后再到架子上摘塔式起重机的挂钩；"先挂后拆"就是在准备移动提升插口架子时，要先上到架子上，把塔式起重机的钩子挂好以后，再到建筑物里边去拆固定架子的别杆，按上述程序操作就不会出事故，否则可能造成重大伤亡。

②吊篮架子解决了高层的外装修问题，应用比较普遍，在使用中应注意以下几个关键

问题：

a. 吊篮的挑梁部分。挑梁应用不小于14号工字钢或承载能力大于14号工字钢的其他材料。固定点的预埋环要与楼板或墙体主筋焊牢。挑梁吊点到支点的长度与支点到吊环固定点的长度比应不大于1:2，且抵抗力矩应大于倾覆力矩3倍以上，挑梁探出建筑物一端应稍高于另一端。挑梁之间应用钢管或杉杆连接牢固，成为整体。

b. 吊篮的升降工具。一般以手扳葫芦和倒链为主。手扳葫芦应选用3t以上的，倒链选用2t以上的，吊篮的钢丝绳直径应不小于12.5mm，吊篮的保险绳直径与主绳相同。在升降吊篮时，保险绳不可一次放松过长，两端升降应同步。吊篮升降工具和钢丝绳在使用前要认真进行检查。吊篮保险绳必须兜底使用。

c. 吊篮的防护必须严密。吊篮靠建筑物一侧设1.2m高护身栏，两侧和外面要用安全网封严，吊篮顶上要有钢丝网护头棚。吊篮在使用时应与建筑物拉牢。

d. 在吊篮里作业的人员，包括升降过程的操作人员均必须挂好安全带。

③桥式脚手架。桥式脚手架只允许在高度20m以下的建筑中使用，桥架的跨度不得大于12m。升降桥时，操作人员必须将安全带挂在立柱上，桥两端要同步升降，并设保险绳或保险装置。桥架使用时应与建筑物拉接牢固，外防护使用应保证防护高度必须超出操作面1.2m，超出部分应绑护身栏和立挂安全网。

(4) 支搭安全网。《建筑施工安全检查标准》JGJ 59中规定，取消在建筑物外围使用安全平网，改为用封闭的立网，并规定了密目式安全立网的标准。

①每100cm^2(10cm×10cm)面积上有2 000个以上的网目。

②须做贯穿试验，即将网与地面张为30°的夹角，在其中心上方3m处，用49.4N（5kg）重的$\Phi 8 \sim \Phi 51$钢管垂直自由落下，以不穿透为准。

(5) "四口"的防护。"四口"指大于20cm×20cm的设备或管道的预留洞口、室内楼梯口、室内电梯口、建筑物的阳台口和建筑通廊、采光井等洞口。

①洞口及临边的防护方法是：1.5m×1.5m以下的孔洞，应预埋通长钢筋网或加固定盖板；1.5m×1.5m以上的孔洞，四周必须设两道护身栏杆，中间支挂水平安全网。

②电梯井口必须设置高度不低于1.2m的金属防护门。电梯井内首层和首层以上每隔四层设一道水平安全网，安全网应封闭严密。

③楼梯踏步及休息平台处，必须设两道牢固的防护栏杆或用立挂安全网做防护，回转式楼梯间应支设首层水平安全网，每隔四层设一道水平安全网。

④阳台栏板应随层安装。不能随层安装的，必须设两道防护栏杆或立挂安全网封闭。

⑤框架结构无维护墙时的楼层临边、屋面周边、斜道的两侧边、垂直运输架卸料平台的两侧边等临边必须设两道防护栏杆，必要时加设一道挡脚板或立挂安全网。

（6）高凳和梯子的使用注意事项。在室内施工时常用的高凳和梯子，使用不当也会出现坠落和伤亡。在使用中应注意以下几点。

①单梯只准上1人操作，支设角度以60°~70°为宜，梯子下脚要采取防滑处理。

②使用人字双梯时，两梯夹角应保持60°，两梯间要拉牢；移动梯子时，人员必须下梯。

③高处作业使用的铁凳、木凳应牢固，两凳间需搭设脚手板的，间距不得大于2m，只准站1人，脚手板上不准放置灰桶。

④使用2m高以上的高凳或在较高的梯子上操作时，要加护栏或挂安全带。

在没有可靠的防护措施而又必须进行高处作业时，工人必须挂好安全带。在施工或维修时，严禁在石棉瓦、刨花板和三合板顶棚上行走。

2. 物体打击事故的预防措施

物体打击是指施工过程中的砖石块、工具、材料、零部件等在高空下落时对人体造成的伤害，以及崩块、锤击、滚石等对人身造成的伤害，不包括因爆炸而引起的物体打击。主要发生在同一垂直作用面的交叉作业中和通道口处坠落物体的打击。

物体打击事故的预防措施有以下几项。

（1）教育职工进入现场必须戴好安全帽。任何人都不准从高处向下抛投物料，各工种作业时要及时清理渣土、杂物，以防无意碰落或被风吹落伤人。

（2）施工现场要设固定进楼通道。通道要搭护头棚；低层施工出入口护头棚长度不小于3m，高层施工护头棚长度不小于6m；护头棚宽度应宽于出入通道两侧各1m，护头棚要满铺脚手板。建筑物其他门口要封死，不准人员穿行。人员行走或休息时，不准临近建筑物。

（3）吊运大模板、构件时要严格遵守起重作业规定，吊物上不准有零散小件。

（4）人工搬运构件、材料时，要精神集中、互相配合；搬运大型物体时，要有专人指挥，零散材料堆放要整齐。各种构件、模板要停放平稳。

3. 坍塌事故的预防措施

坍塌事故是指物体在外力和重力的作用下，超过自身极限强度的破坏成因，结构稳定失衡塌落而造成物体高处坠落、物体打击、挤压伤害及窒息的事故。

坍塌事故主要分为土方坍塌、模板坍塌、脚手架坍塌、拆除工程的坍塌、建筑物及构筑物的坍塌事故五种类型。前四种一般发生在施工作业中，而后一种一般发生在使用过程中。目前建筑施工中，最常见的坍塌事故是土方坍塌和模板支撑体系失稳坍塌。

（1）土方坍塌预防措施。

①施工方案。基础施工要有防护方案，基坑深度超过5m，要有专项支护设计。

②确保边坡稳定。开挖沟槽、基坑等，应根据土质和挖掘深度等条件放足边坡坡度，如场

地不允许放坡开挖时,应设固壁支撑或支护结构体系。挖出的土堆放距坑、槽边距离不得小于设计规定,且堆高不超过1.5m。开挖过程中,应经常检查边壁土质稳固情况,发现有裂缝、疏松或支撑走动,要随时采取措施。根据土质、沟深、地下水位、机械设备重量等情况,确定堆放材料和施工机械距坑槽的距离。

③挖土顺序应符合施工组织设计的规定,并遵循由上而下逐层开挖的原则,禁止采用掏洞的方法操作。

④排水和降低地下水位。开挖低于地下水位的土方时,应根据地质资料、开挖深度等确定排水或降水措施,并应在地下施工的全过程中,有效地处理地下水,以防坍塌。

⑤作业人员必须严格遵守安全操作规程。下坑槽作业前要查看边坡土壤变化,有裂缝的部分要及时挖掉;上下要走扶梯或马道,不在边坡爬上爬下,防止把边坡蹬塌;也不要从上往下跳;工间休息时应到地面上,防止边坡坍塌被砸或被埋;不准拆移土壁支撑或其他支护设施。

⑥监测措施。经常查看边坡和支护情况,发现异常应及时采取措施,并通知地下作业人员撤离。作业人员发现边坡大量掉土、支护设施有声响时应立即撤离,防止土体坍塌造成伤亡事故。

⑦支护设施拆除。应按施工组织设计的规定进行,通常采用自下而上,随填土进程,填一层拆一层,不得一次拆到顶。

(2)模板工程失稳坍塌预防措施。

①模板设计。模板工程施工前,应由专业技术人员进行模板设计,并经上一级技术部门批准。模板设计的内容包括模板及支撑构件的材料及类别与规格的选择、受力构件及地面承载力的计算、构造措施等。

②模板施工技术方案。施工应根据模板施工技术方案进行,方案的主要内容有模板的制作、安装、拆除等的施工顺序、方法及安全措施。施工方案需经上一级部门批准。

③模板安装。模板及支撑的安装应严格按设计要求和施工方案进行施工。如设计存在问题或实施有困难时,需向工地技术负责人提出,并经上一级技术负责人同意后方可更改。

④检查验收。模板工程安装完成后,必须按照设计要求,由工地负责人与安全检查员共同检查验收,确认安全、可靠后才能浇灌混凝土。浇混凝土过程中,应指定专人对模板所支撑的受力情况进行监视,发现问题及时处理。

⑤拆模。模板支撑的拆除,必须在确认混凝土强度达到设计要求后才能进行,且拆除顺序也应严格按照模板施工技术方案的要求,严禁野蛮拆模。

6.3 施工现场文明施工与环境保护

6.3.1 施工现场文明施工

建设工程文明施工包括：规范施工现场的场容，保持作业环境的整洁、卫生；科学组织施工，使生产有序进行；减少施工对周围居民和环境的影响；遵守施工现场文明施工的规定和要求，保证职工的安全和身体健康等。

1. 施工现场文明施工的基本要求

（1）有整套的施工组织设计或施工方案，施工总平面布置紧凑、施工场地规划合理，符合环保、市容、卫生的要求。

（2）有健全的施工组织管理机构和指挥系统，岗位分工明确。工序交叉合理，交接责任明确。

（3）有严格的成品保护措施和制度，大小临时设施和各种材料、构件、半成品按平面布置堆放整齐。

（4）施工现场平整，道路畅通，排水设施得当。水电路整齐，机具设备状况良好，使用合理。施工作业符合消防和安全要求。

（5）搞好环境卫生管理，包括施工区、生活区环境卫生和食堂卫生管理。

（6）文明施工应贯穿施工结束后的清场。

2. 施工现场文明施工的措施

（1）加强现场文明施工的管理。

①建立文明施工的管理组织。

②健全文明施工的管理制度。

（2）落实现场文明施工的各项管理措施。

①施工平面布置。施工总平面图应对施工机械设备材料和构配件的堆场、现场加工场地，以及现场临时运输道路、临时供水供电线路和其他临时设施进行合理布置，并随工程实施的不同阶段进行场地布置和调整。

②现场围挡、标牌。

a. 施工现场必须实行封闭管理,设置进出口大门,制定门卫制度,严格执行外来人员进场登记制度。沿工地四周连续设置围挡,市区主要路段和其他涉及市容景观路段的工地设置围挡的高度不低于2.5m,其他工地的围挡高度不低于1.8m,围挡材料要求坚固稳定、统一、整洁、美观。

b. 施工现场必须设有"五牌一图",即工程概况牌、管理人员名单及监督电话牌、消防保卫(防火责任)牌、安全生产牌、文明施工牌和施工现场总平面图。

c. 施工现场应合理悬挂安全生产宣传和警示牌,标牌悬挂牢固可靠,特别是主要施工部位、作业点和危险区域以及主要通道口都必须有针对性地悬挂醒目的安全警示牌。

③施工场地。

a. 施工现场应积极推行硬地坪施工,作业区、生活区主干道地面必须用一定厚度的混凝土硬化,场内其他道路地面也应硬化处理。

b. 施工现场道路畅通、平坦、整洁,无散落物。

c. 施工现场设置排水系统,排水畅通,不积水。

d. 严禁泥浆、污水、废水外流或未经允许排入河道,严禁堵塞下水道和排水河道。

e. 施工现场适当地方设置吸烟处,作业区内禁止随意吸烟。

f. 积极美化施工现场环境,根据季节变化,适当进行绿化布置。

④材料堆放、周转设备管理。

a. 建筑材料、构配件、料具必须按施工现场总平面布置图堆放,布置合理。

b. 建筑材料、构配件及其他料具等必须做到安全、整齐堆放(存放),不得超高。堆料分门别类,悬挂标牌;标牌应统一制作,标明名称、品种、规格数量等。

c. 建立材料收发管理制度,仓库、工具间材料堆放整齐,易燃易爆物品分类堆放,专人负责,确保安全。

d. 施工现场建立清扫制度,落实到人,做到工完料尽场地清,车辆进出场应有防泥带出措施。建筑垃圾及时清运,临时存放现场的也应集中堆放整齐、悬挂标牌。不用的施工机具和设备应及时出场。

e. 施工设施、大模、砖夹等,集中堆放整齐;大模板成对放稳,角度正确。钢模及零配件、脚手扣件分类分规格,集中存放。竹木杂料,应分类堆放、规则成方、不散不乱、不做他用。

⑤现场生活设施。

a. 施工现场作业区与办公、生活区必须明显划分,确因场地狭窄不能划分的,要有可靠的隔离栏防护措施。

b. 宿舍内应确保主体结构安全,设施完好。宿舍周围环境应保持整洁、安全。

c. 宿舍内应有保暖、消暑、防煤气中毒、防蚊虫叮咬等措施。严禁使用煤气灶、煤油炉、电饭煲、"热得快"、电炒锅、电炉等器具。

　　d. 食堂应有良好的通风和洁卫措施，保持卫生整洁，炊事员持健康证上岗。

　　e. 建立现场卫生责任制，设卫生保洁员。

　　f. 施工现场应设固定的男、女简易淋浴室和厕所，并要保证结构稳定、牢固和防风雨。并实行专人管理、及时清扫，保持整洁，要有灭蚊蝇滋生措施。

　　⑥现场消防、防火管理。

　　a. 现场建立消防管理制度，建立消防领导小组，落实消防责任制和责任人员，做到思想重视、措施跟上、管理到位。

　　b. 定期对有关人员进行消防教育，落实消防措施。

　　c. 现场必须有消防平面布置图，临时设施按消防条例有关规定搭设，做到标准、规范。

　　d. 易燃易爆物品堆放间、油漆间、木工间、总配电室等消防防火重点部位要按规定设置灭火机和消防沙箱，并有专人负责，对违反消防条例的有关人员严肃处理。

　　e. 施工现场用明火做到严格按动用明火规定执行，审批手续齐全。

　　⑦医疗急救的管理。开展卫生防病教育，准备必要的医疗设施，配备经过培训的急救人员，有急救措施、急救器材和保健医药箱。在现场办公室的显著位置张贴急救车和有关医院的电话号码等。

　　⑧社区服务的管理。建立施工不扰民的措施。现场不得焚烧有毒、有害物质等。

　　⑨治安管理。

　　a. 建立现场治安保卫领导小组，有专人管理。

　　b. 新入场的人员做到及时登记，做到合法用工。

　　c. 按照治安管理条例和施工现场的治安管理规定搞好各项管理工作。

　　d. 建立门卫值班管理制度，严禁无证人员和其他闲杂人员进入施工现场，避免安全事故和失盗事件的发生。

　　(3)建立检查考核制度。

　　(4)抓好文明施工建设。

6.3.2　施工现场环境保护

　　建设工程环境保护措施主要包括大气污染的防治、水污染的防治、噪声污染的防治、固体废弃物的处理及文明施工措施等。

1. 施工现场空气污染的防治措施

　　(1)施工现场垃圾、渣土要及时清理出现场。

　　(2)高大建筑物清理施工垃圾时，要使用封闭式的容器或者采取其他措施处理高空废弃物，严禁凌空随意抛撒。

(3) 施工现场道路应指定专人定期洒水清扫，形成制度，防止道路扬尘。

(4) 对于细颗粒散体材料(如水泥、粉煤灰、白灰等)的运输、储存要注意遮盖密封，防止和减少飞扬。

(5) 车辆开出工地要做到不带泥沙，基本做到不撒土、不扬尘，减少对周围环境的污染。

(6) 除设有符合规定的装置外，禁止在施工现场焚烧油毡、橡胶、塑料、皮革、树叶枯草、各种包装物等废弃物品，以及其他会产生有毒、有害烟尘和恶臭气体的物质。

(7) 机动车都要安装减少尾气排放的装置，确保符合国家标准。

(8) 工地茶炉应尽量采用电热水器。若只能使用烧煤茶炉和锅炉时，应选用消烟除尘型茶炉和锅炉，大灶应选用消烟节能回风炉灶，使烟尘降至允许排放范围为止。

(9) 大城市市区的建设工程已不容许搅拌混凝土。在容许设置搅拌站的工地，应将搅拌站封闭严密，并在进料仓上方安装除尘装置，采用可靠措施控制工地粉尘污染。

(10) 拆除旧建筑物时，应适当洒水，防止扬尘。

2. 施工过程水污染的防治措施

(1) 禁止将有毒、有害废弃物作土方回填。

(2) 施工现场搅拌站废水、现制水磨石的污水、电石(碳化钙)的污水必须经沉淀池沉淀合格后再排放，最好将沉淀水用于工地洒水降尘或采取防治措施回收利用。

(3) 现场存放油料，必须对库房地面进行防渗处理，如采用防渗混凝土地面、铺油措施。使用时，要采取防止油料跑、冒、滴、漏的措施，以免污染水体。

(4) 施工现场100人以上的临时食堂，污水排放时可设置简易、有效的隔油池，定期清理，防止污染。

(5) 工地临时厕所、化粪池应采取防渗漏措施。中心城市施工现场的临时厕所可采用水冲式厕所，并有防蝇灭蛆措施，防止污染水体和环境。

(6) 化学用品、外加剂等要妥善保管，库内存放，防止污染环境。

3. 施工现场噪声的控制措施

(1) 施工现场的搅拌机、固定式混凝土输送泵、电锯等强噪声机械设备应搭设封闭性机械棚，并尽可能远离居民区。

(2) 尽量选用低噪声或备有消声降噪设备的机械。

(3) 凡在居民密集区进行强噪声施工作业时，要严格控制施工作业时间，晚间作业不超过22时，早晨作业不早于6时。特殊情况下需昼夜施工时，应尽量采取降噪措施，并会同建设单位做好周围居民的工作，同时报工地所在的环保部门备案后方可施工。

(4) 施工现场要严格控制人为的大声喧哗，增强施工人员防噪声扰民的自觉意识。加强施工现场环境噪声的长期监测，要有专人监测管理，并做好记录。

4. 固体废物的处理

建设工程施工工地上常见的固体废物主要有建筑渣土、废弃的散装大宗建筑材料以及生活垃圾、设备、材料等的包装材料等。

固体废物的主要处理方法如下。

（1）回收利用。回收利用是对固体废物进行资源化的重要手段之一。

（2）减量化处理。减量化是对已经产生的固体废物进行分选、破碎、压实浓缩、脱水等减少其最终处置量，减低处理成本，减少对环境的污染。在减量化处理的过程中，也包括和其他处理技术相关的工艺方法，如焚烧、热解、堆肥等。

（3）焚烧。焚烧用于不适合再利用且不宜直接予以填埋处置的废物，除有符合规定的装置外，不得在施工现场熔化沥青和焚烧油毡、油漆，亦不得焚烧其他可产生有毒、有害和恶臭气体的废弃物。垃圾焚烧处理应使用符合环境要求的处理装置，避免对大气的二次污染。

（4）稳定和固化。稳定和固化处理是利用水泥、沥青等胶结材料，将松散的废物胶结包裹起来，减少有害物质从废物中向外迁移、扩散，使得废物对环境的污染减少。

（5）填埋。填埋是固体废物经过无害化、减量化处理的废物残渣集中到填埋场进行处置。禁止将有毒有害废弃物现场填埋，填埋场应利用天然或人工屏障。尽量使需处置的废物与环境隔离，并注意废物的稳定性和长期安全性。

6.4 安全事故分类与处理

建筑施工事故是指建筑施工过程中发生的导致人员伤亡及财产损失的各类伤害。

6.4.1 安全事故的分类

1. 按事故发生的原因分类

根据《企业职工伤亡事故分类标准》，将事故类别分为20类，即物体打击、车辆伤害、机械伤害、起重伤害、触电、淹溺、灼烫、火灾、高处坠落、坍塌、冒顶片帮、透水、放炮、瓦斯爆炸、火药爆炸、锅炉爆炸、容器爆炸、其他爆炸、中毒和窒息、其他伤害。

2. 按事故严重程度分类

依据2007年6月1日起实施的《生产安全事故报告和调查处理条例》规定，按生产安全事故(以下简称事故)造成的人员伤亡或者直接经济损失,事故一般分为以下等级。

(1)特别重大事故,是指造成30人以上死亡,或者100人以上重伤(包括急性工业中毒,下同),或者1亿元以上直接经济损失的事故。

(2)重大事故,是指造成10人以上30人以下死亡,或者50人以上100人以下重伤,或者5 000万元以上1亿元以下直接经济损失的事故。

(3)较大事故,是指造成3人以上10人以下死亡,或者10人以上50人以下重伤,或者1 000万元以上5 000万元以下直接经济损失的事故。

(4)一般事故,是指造成3人以下死亡,或者10人以下重伤,或者1 000万元以下直接经济损失的事故。国务院安全生产监督管理部门可以会同国务院有关部门,制定事故等级划分的补充性规定。

所称的"以上"包括本数,所称的"以下"不包括本数。

6.4.2 建设工程安全事故处理

1. 事故处理的原则

国家对事故发生后的"四不放过"处理原则,其具体内容如下。
(1)事故原因未查清不放过。
(2)事故责任人未受到处理不放过。
(3)事故责任人和周围群众没有受到教育不放过。
(4)事故没有指定切实可行的整改措施不放过。

2. 建设工程安全事故处理程序

(1)按规定向有关部门报告事故情况。

事故发生后,事故现场有关人员应当立即向本单位负责人报告;单位负责人接到报告后,应当于1h内向事故发生地县级以上人民政府安全生产监督管理部门和负有安全生产监督管理职责的有关部门报告,并有组织、有指挥地抢救伤员,排除险情;应当防止人为或自然因素的破坏,便于事故原因的调查。

由于建设行政主管部门是建设安全生产的监督管理部门,对建设安全生产实行的是统一的监督管理,因此,各个行业的建设施工中出现了安全事故,都应当向建设行政主管部门报告。对于专业工程的施工中出现生产安全事故的,由于有关的专业主管部门也承担着对建设安全生产的监督管理职能,因此,专业工程出现安全事故,还需要向有关行业主管部门报告。

①情况紧急时,事故现场有关人员可以直接向事故发生地县级以上人民政府安全生产监督管理部门和负有安全生产监督管理职责的有关部门报告。

②安全生产监督管理部门和负有安全生产监督管理职责的有关部门接到事故报告后,应当依照下列规定上报事故情况,并通知公安机关、劳动保障行政部门、工会和人民检察院。

a. 特别重大事故、重大事故逐级上报至国务院安全生产监督管理部门和负有安全生产监督管理职责的有关部门。

b. 较大事故逐级上报至省、自治区、直辖市人民政府安全生产监督管理部门和负有安全生产监督管理职责的有关部门。

c. 一般事故上报至设区的市级人民政府安全生产监督管理部门和负有安全生产监督管理职责的有关部门。

安全生产监督管理部门和负有安全生产监督管理职责的有关部门依照前款规定上报事故情况,应当同时报告本级人民政府。国务院安全生产监督管理部门和负有安全生产监督管理职责的有关部门以及省级人民政府接到发生特别重大事故、重大事故的报告后,应当立即报告国务院。必要时,安全生产监督管理部门和负有安全生产监督管理职责的有关部门可以越级上报事故情况。

安全生产监督管理部门和负有安全生产监督管理职责的有关部门逐级上报事故情况每级上报的时间不得超过2h。事故报告后出现新情况的,应当及时补报。

(2)组织调查组,开展事故调查。特别重大事故由国务院或者国务院授权有关部门组织事故调查组进行调查。重大事故、较大事故、一般事故分别由事故发生地省级人民政府、设区的市级人民政府、县级人民政府负责调查。省级人民政府、设区的市级人民政府、县级人民政府可以直接组织事故调查组进行调查,也可以授权或者委托有关部门组织事故调查组进行调查。未造成人员伤亡的一般事故,县级人民政府也可以委托事故发生单位组织事故调查组进行调查。

事故调查组有权向有关单位和个人了解与事故有关的情况,并要求其提供相关文件、资料,有关单位和个人不得拒绝。事故发生单位的负责人和有关人员在事故调查期间不得擅离职守,并应当随时接受事故调查组的询问,如实提供有关情况。事故调查中发现涉嫌犯罪的,事故调查组应当及时将有关材料或者其复印件移交司法机关处理。

(3)现场勘查。事故发生后,调查组应迅速到现场进行及时、全面、准确和客观的勘查,包括现场笔录、现场拍照和现场绘图。

(4)分析事故原因。通过调查分析,查明事故经过,按受伤部位、受伤性质、起因物、致害物、伤害方法、不安全状态、不安全行为等,查清事故原因,包括人、物、生产管理和技术管理等方面的原因。通过直接和间接地分析,确定事故的直接责任者、间接责任者和主要责任者。

(5)制定预防措施。根据事故原因分析,制定防止类似事故再次发生的预防措施。根据事故后果和事故责任者应负的责任提出处理意见。

（6）提交事故调查报告。事故调查组应当自事故发生之日起 60 日内提交事故调查报告；特殊情况下，经负责事故调查的人民政府批准，提交事故调查报告的期限可以适当延长，但延长的期限最长不超过 60 日。事故调查报告应当包括下列内容。

①事故发生单位概况。

②事故发生经过和事故救援情况。

③事故造成的人员伤亡和直接经济损失。

④事故发生的原因和事故性质。

⑤事故责任的认定以及对事故责任者的处理建议。

⑥事故防范和整改措施。

（7）事故的审理和结案。重大事故、较大事故、一般事故，负责事故调查的人民政府应当自收到事故调查报告日起 15 日内作出批复；特别重大事故，30 日内作出批复，特殊情况下，批复时间可以适当延长，但延长的时间最长不超过 30 日。

有关机关应当按照人民政府的批复，依照法律、行政法规规定的权限和程序，对事故发生单位和有关人员进行行政处罚，对负有事故责任的国家工作人员进行处分。事故发生单位应当按照负责事故调查的人民政府的批复，对本单位负有事故责任的人员进行处理。

负有事故责任的人员涉嫌犯罪的，依法追究刑事责任。

事故处理的情况由负责事故调查的人民政府或者其授权的有关部门、机构向社会公布，依法应当保密的除外。事故调查处理的文件记录应长期完整地保存。

单 元 总 结

本教学单元介绍了安全管理相关法律、法规，阐述了施工现场危险源识别和控制、安全教育、安全生产责任制、安全检查等相关内容，重点介绍了施工现场工伤事故的预防措施、文明施工措施和环境保护防护措施等。通过本单元的学习，学生加深对安全生产相关法律、法规了解，强化安全意识，掌握安全防护措施，保证施工项目安全管理目标的实现。

习 题

一、填空题

1. 我国安全生产方针是（　　　　）、（　　　　）和（　　　　）。
2. 降低危险源风险的控制方法按照控制措施层级优先选择顺序依次为（　　　　）、（　　　　）、（　　　　）、（　　　　）和（　　　　）。
3. 企业新员工上岗前的三级安全教育具体是指（　　　　）、（　　　　）和（　　　　）。
4. 施工安全检查在正确使用安全检查表的基础上，可以采用（　　　　）、（　　　　）、（　　　　）、（　　　　）、（　　　　）等方法进行。
5. 建设工程环境保护措施主要包括（　　　　）、（　　　　）、（　　　　）、（　　　　）以及（　　　　）等。

二、单选题

1. 施工项目的安全检查应由（　　）组织，定期进行。
   A. 项目经理　　　　B. 项目技术负责人　　C. 专职安全员　　D. 企业安全生产部门
2. 根据《生产安全事故报告和调查处理条例》，下列安全事故中，属于重大事故的是（　　）。
   A. 3 人死亡，10 人重伤，直接经济损失 2 000 万元
   B. 36 人死亡，50 人重伤，直接经济损失 6 000 万元
   C. 2 人死亡，100 人重伤，直接经济损失 1.2 亿元
   D. 12 人死亡，直接经济损失 960 万元
3. 发生建设工程重大安全事故时，负责事故调查的人民政府应当自收到事故调查报告起（　　）日内作出批复。
   A. 30　　　　　　B. 45　　　　　　C. 60　　　　　　D. 15
4. 下列安全生产管理制度中，最基本也是所有制度核心的是（　　）。
   A. 安全生产教育培训制度　　　　B. 安全生产责任制
   C. 安全检查制度　　　　　　　　D. 安全措施计划制度
5. 关于建设工程安全事故报告的说法，正确的是（　　）。
   A. 各行业专业工程可只向有关行业主管部门报告
   B. 安全生产监督管理部门除按规定逐级上报外，还应同时报告本级人民政府
   C. 一般情况下，事故现场有关人员应立即向安全生产监督部门报告

D. 事故现场有关人员应直接向事故发生地县级以上人民政府报告

6. 在工程建设过程中，对施工场界范围内的污染防治属于(　　)。

　　A. 现场文明施工问题　　　　　　　　B. 环境保护问题

　　C. 职业健康安全问题　　　　　　　　D. 安全生产问题

7. 安全生产监督管理部门和负有安全生产监督管理职责的有关部门逐级上报事故情况每级上报的时间不得超过(　　)h。

　　A. 1　　　　　　B. 2　　　　　　C. 3　　　　　　D. 4

8. 清理高层建筑施工垃圾的正确做法是(　　)。

　　A. 将施工垃圾洒水后沿临边窗口倾倒至地面后集中处理

　　B. 将各楼层施工垃圾焚烧后装入密封容器吊走

　　C. 将各楼层施工垃圾装入密封容器吊走

　　D. 将施工垃圾从电梯井倾倒至地面后集中处理

9. 在人口稠密地区进行强噪声作业时，须严格控制作业时间，一般停止作业的时间为(　　)。

　　A. 晚8：00至次日早8：00　　　　　　B. 晚9：00至次日早7：00

　　C. 晚10：00至次日早7：00　　　　　D. 晚10：00至次日早6：00

10. 利用水泥、沥青等胶结材料将松散的废物胶结包裹起来，减少有害物质从废物中向外迁移、扩散，使得废物对环境的污染减少。此做法属于固体废物(　　)的处理。

　　A. 填埋　　　　B. 稳定和固化　　　　C. 压实浓缩　　　　D. 减量化

三、多选题

1. 组织管理上的缺陷也是事故潜在的不安全因素，作为间接的原因包括(　　)。

　　A. 技术上的缺陷　　　　　　　　B. 生产场地环境的缺陷

　　C. 教育上的缺陷　　　　　　　　D. 心理上的缺陷

　　E. 防护等装置缺陷

2. 关于生产安全事故报告和调查处理原则的说法，正确的有(　　)。

　　A. 事故未整改到位不放过

　　B. 事故未及时报告不放过

　　C. 事故原因未查清不放过

　　D. 事故责任人和周围群众未受到教育不放过

　　E. 事故责任人未受到处理不放过

3. 关于建设工程施工现场文明施工的说法，正确的有(　　)。

　　A. 施工现场必须实行封闭管理，设置进出口大门，制定门卫制度，严格执行外来人员进场登记制度

　　B. 沿工地四周连续设置围挡，市区主要道路和其他涉及市容景观路段的工地围挡的高度

不得低于1.8m

 C. 项目经理是施工现场文明施工的第一责任人

 D. 施工现场设置排水系统，泥浆、污水、废水有组织地直接排入下水道

 E. 现场建立消防领导小组，落实消防责任制和责任人员

4. 建设工程生产安全检查的主要内容包括(　　)。

 A. 管理检查　　　　B. 思想检查　　　　C. 危险源检查　　　　D. 隐患检查

 E. 整改检查

5. 关于建设工程现场文明施工管理措施的说法，正确的有(　　)。

 A. 项目安全负责人是施工现场文明施工的第一责任人

 B. 沿工地四周连续设置围挡，市区主要路段的围挡高度不得低于1.8m

 C. 施工现场设置排水系统，泥浆、污水、废水有组织地排入下水河道

 D. 施工现场必须实行封闭管理，严格执行外来人员进场登记制度

 E. 现场必须有消防平面布置图，临时设施按消防条例有关规定布置

四、简答题

1. 简述预防物体打击事故的措施。

2. 简述施工现场危险源辨识的方位。

3. 施工现场环境保护的措施有哪些？

4. 按事故严重程度，安全事故可分为哪几类？

5. 简述安全事故的处理程序。

单元 7

建设工程项目管理

教学目标

【知识目标】

1. 了解质量管理的内容及相关理论；了解影响工程质量的因素。理解施工质量控制的基本环节及内容。掌握5种常用的质量管理统计分析方法；掌握工程质量事故处理程序及施工质量缺陷处理的基本方法。

2. 了解施工项目进度控制的内容和措施；了解施工项目进度计划编制的依据和基本要求；了解施工进度计划的实施、检查和调整的内容及遵循的原理。掌握施工进度计划的比较方法；掌握施工进度计划调整采取的方法。

3. 了解成本管理的概念。掌握施工项目成本的构成、成本管理的任务、成本控制的内容及方法。

4. 了解施工项目资金管理、施工项目合同管理、施工项目信息管理的基础理论。

【能力目标】

1. 通过本教学单元的学习，学生具备参与编制施工项目质量控制文件的能力，具备处理一般质量事故的能力。

2. 通过本教学单元的学习，学生具备编制施工项目进度计划、利用施工进度比较方法对施工进度计划的实施过程进行控制的能力。

3. 通过本教学单元的学习，学生具备收集施工过程中所发生的各种成本信息的能力，初步具备成本分析的能力。

思维导图

7.1 建筑工程质量管理

7.1.1 概述

1. 基本概念

(1) 质量管理，是指"确定质量方针、目标和职责并在质量体系中通过诸如质量策划、质量控制、质量保证和质量改进使其实施的全部管理职能的所有活动"。

（2）建筑工程质量，是指反映建筑工程满足相关标准规定和合同约定的要求，包括其在安全、使用功能及其耐久性能、环境保护等方面所有明显和隐含能力的特性综合。

（3）质量方针，是指"由组织的最高管理者正式发布的、该组织总的质量宗旨和方向"。质量方针是企业的宗旨和方向，是企业质量行为的准则。

（4）质量目标，是指"在质量方面所追求的目的"。企业的质量目标是对质量方针的展开，是企业在质量方面所追求的目标，通常依据企业的质量方针来制订。

（5）质量策划，是指"质量管理中致力于设定质量目标并规定必要的作业过程和相关资源以实现其质量目标的部分"。企业最高管理者应对实现质量方针、目标和要求所需的各项活动和资源进行质量策划，并且策划的结果应以文件的形式表现。

（6）质量控制，是指"为达到质量要求所采取的作业技术和活动"。质量控制的对象是过程，控制的结果应能使被控制对象达到规定的质量要求。

（7）质量保证，是指"为了提供足够的信任表明实体能够满足质量要求，而在质量体系中实施并根据需要进行证实的全部有计划和有系统的活动"。质量保证定义的关键是"信任"，对达到预期质量要求的能力提供足够的信任。

（8）质量改进，是指"质量管理中致力于提高有效性和效率的部分"。质量改进的目的是向组织自身和顾客提供更多的利益。

2. 质量管理体系

ISO 9000 标准是一套精心设计、结构严谨、定义明确、内容具体、适用性很强的管理标准，由国际标准化组织（ISO）进行全面分析、研究和总结，最后正式发布的。经过许多企业的应用，其作用如下。

（1）提高供方企业的质量信誉。

（2）促进企业完善质量管理体系。

（3）增强企业的国际市场竞争能力。

（4）有利于保护消费者利益。

ISO 9000：2015 标准遵循以下七大质量管理原则：以顾客为关注焦点、领导作用、全员参与、过程方法、改进、循证决策、关系管理。

3. 质量管理基本理论

（1）质量成本理论。质量成本是指为保证和提供建筑产品质量而进行的质量管理活动所花费的费用，或者说与质量管理职能管理有关的成本。质量成本分广义和狭义，广义质量成本包括设计质量成本、制造质量成本和检验质量成本；而狭义的质量成本仅指制造质量成本。

在建筑施工的总成本中，虽然质量成本一般只占 5% 左右，但在建筑材料及其人工成本市场趋于均衡的情况下，它对建筑施工企业的市场竞争和经济效益有着重要的影响。加强对质量成本的控制是建筑施工企业进行成本控制不可缺少的工作之一。

建筑施工质量成本是将建筑产品质量保持在设计质量水平上所需要的相关费用与未达到预期质量标准而产生的一切损失费用之和。在建筑施工中，它是建筑施工总成本的组成部分。建筑施工质量成本由施工过程中发生的预防成本、鉴定成本、内部故障成本和外部故障成本构成。纵坐标代表成本，横坐标代表质量合格率，故障成本、鉴定成本、预防成本的产品质量成本曲线，三条直线之和为质量成本。质量成本曲线如图7-1所示。

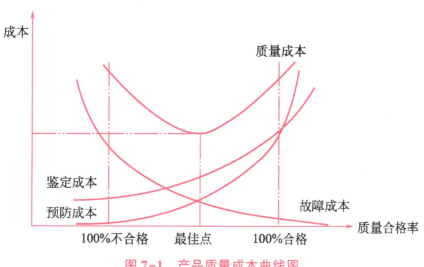

图7-1 产品质量成本曲线图

由图7-1可知，故障成本的曲线一般随着质量的提高呈现出由高到低的下降趋势，而鉴定成本和预防成本随着质量的提高呈现出由低到高的上升趋势，质量成本曲线的最低点所对应的产品质量合格率，是产品最佳质量控制点，其对应的成本成为"最佳质量成本"。

建筑施工质量成本控制是对建筑产品质量形成全过程的全面控制。其主要目的就是在保证施工项目质量达到设计标准的情况下，使其经济效益达到最佳。合理调控工程施工中质量成本的比例结构和成本分布可以寻找出一个适宜的质量成本区域，这样就能使工程施工既能有效地降低施工成本总额，又能保证施工质量符合设计规定要求，从而提高质量成本投入的经济性和合理性，取得良好的经济效益。

（2）全面质量管理（TQC）理论。全面质量管理的核心是"三全"管理，即全过程、全员和全企业的质量管理。

全面质量管理的基本方法为PDCA循环，是指由计划（Plan）、实施（Do）、检查（Check）和处理（Action）4个阶段共8个步骤组成的工作循环，是一种科学管理程序好方法。其工作步骤如图7-2所示。

①计划阶段。就是通过市场调查及用户要求，制订出质量目标计划，经过分析和诊断，确定达到这些目标的具体措施和方法。具体分为4个步骤。

第一步，分析现状，找出存在的质量问题。

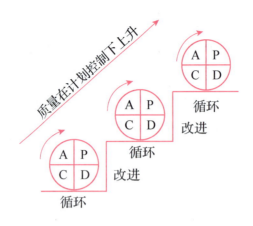

图 7-2 PDCA 循环工作过程图

第二步，分析产生质量问题的各种影响因素。

第三步，从中找出影响质量问题的主要因素。

第四步，针对影响质量的主要因素制订活动计划和措施。

②实施阶段。就是按照第一阶段制订的计划，组织施工生产，并且要全面保证施工的工程质量符合国家标准要求。这个阶段只有一个步骤。

第五步，按照既定计划实施。

③检查阶段。主要任务是对已施工的工程计划执行情况进行检查和验收。

第六步，根据计划的内容和要求，检查实施结果，看是否达到预期的效果。

④处理阶段。主要是把经验加以总结，制定成标准、规程、制度等作为以后工作的依据。对遗留问题作为改进的目标。这个阶段有两个步骤。

第七步，对检查结果进行总结，把成功经验归纳为标准、制度，防止重复发生。

第八步，处理遗留问题，进入下一个循环。

PDCA 循环特点是：4 个阶段的工作完整统一，缺一不可，大环套着小环，小环促进大环，每次循环都会把质量管理活动向前推进一步。

4. 影响建筑工程项目质量的因素

（1）人的因素。人是工程质量的控制者，也是工程质量的"制造者"，控制人的因素，即调动人的积极性、避免人的失误等，人是控制工程质量的关键因素。

（2）材料的因素。材料包括原材料、成品、半成品、构配件等。加强对材料的控制，是工程项目施工的物质基础，是工程质量的重要保证。

（3）机械的因素。施工机械设备是实现施工机械化的重要物质基础，对工程项目的施工进度和质量均有直接影响。因此，在施工阶段必须对施工机械的性能、选型和使用操作等方面进行控制。

（4）方法的因素。这里所指的方法，包括所采取的技术方案、工艺流程、组织措施、检测手段、施工组织设计等，尤其是施工方案正确与否，是直接影响工程项目的进度控制、质量控制、成本控制的目标能否顺利实现的关键。

（5）环境的因素。影响工程项目质量的环境因素很多，主要包括以下3个方面。

①工程技术环境，如工程地质、水文、气象等。

②工程管理环境，如质量保证体系、质量管理制度等。

③劳动作业环境，如劳动工具、工作面、作业场所等。

7.1.2 质量管理常用统计分析方法

常用的工程质量统计分析方法有排列图法、因果分析图、分层法、直方图法、控制图法、散布图法、调查表法，也称为质量管理七大工具。

1. 排列图法

排列图法是利用排列图寻找影响质量主次因素的一种有效方法。排列图法又称为帕累托图或主次因素分析图，它是由两个纵坐标、一个横坐标、几个连起来的直方形和一条曲线所组成。左边纵坐标表示产品频数，即不合格产品件数；右边纵坐标表示频率，即不合格产品累计百分数。横坐标表示影响产品质量的诸因素或项目。若干个直方形分别表示各影响因素的项目，每个直方图的高度表示该因素影响的大小程度，按影响程度的大小（即出现频数多少），从左到右依次排列。根据右侧的纵坐标可以画出累计频率曲线，这条曲线叫帕累托曲线。

在排列图上，通常把曲线的累计频率百分数分为三类：累计频率在低于80%的因素，称为A类因素，是主要因素；累计频率在80%~90%范围内的因素，称为B类因素，是次要因素；累计频率在90%~100%范围内的因素，称为C类因素，是一般因素。实际中，通常把A类区的项目作为主要矛盾来攻克。运用排列图便于找出主次矛盾，使错综复杂的问题一目了然，有利于采取对策加以改进。

例7-1

某开发商发现施工单位在某幢楼现浇混凝土工程施工中存在不同程度的质量问题，对其进行检查，总共发现了82处有质量问题，利用排列图的方法分析影响质量问题的原因。

解：

（1）收集整理数据：根据工程项目的实际情况，收集存在质量问题的不合格点数，进行汇总；再对统计结果进行整理，计算出各项目的频数和累计频率，见表7-1。

表7-1 不合格点项目频数频率统计

序号	检查项目	不合格点数	累计频数	累计频率(%)
1	蜂窝麻面	40	40	48.8

续表

序号	检查项目	不合格点数	累计频数	累计频率(%)
2	截面尺寸	23	63	76.8
3	露筋	9	72	87.8
4	混凝土强度不足	6	78	95.1
5	其他	4	82	100

（2）排列图的绘制（见图7-3）。

①画横坐标。将横坐标按项目数等分，并按项目频数由大到小的顺序从左到右排列。

②画纵坐标。左侧的纵坐标表示项目不合格点数即频数，右侧纵坐标表示累计频率。

③画频数直方形。以频数为高画出各项目的直方形。

④画累计频率曲线。从横坐标左端点开始，依次连接各项目直方形右边线及所对应的累计频率值的交点，所得的曲线即为累计频率曲线。

⑤记录必要的事项。如标题、收集数据的方法和时间等。

（3）排列图的观察与分析。观察直方形，大致可看成各项目的影响程度。利用ABC分类法，确定主次因素。该例中，A类即"蜂窝麻面"和"截面尺寸"为主要因素；B类即"露筋"为次要因素；C类即"混凝土强度不足"和"其他"为一般因素。

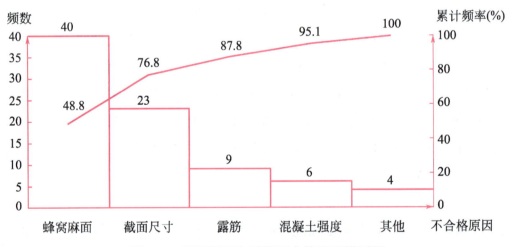

图7-3 现浇混凝土质量不合格原因排列图

2. 因果分析图法

因果分析图法是利用因果分析图，系统地整理分析某个质量问题与其产生原因之间关系的有效工具。因果分析图又称为特性要因图，又因其形状被称为树状图或鱼刺图。

因果分析图的基本形式如图7-4所示。其作图方法是：首先，明确需要解决问题的质量特性，如质量、成本、进度、安全等方面的问题，画出质量特性主干线；其次，分析确定可以影响质量特性的大原因（大枝），如人（操作者）、方法（施工程序、方法）、材料（原材料、半成品)、机械和环境(地区、气候、地形)等原因;再次,围绕大原因进一步分析确定影响质量特性的中、小原因,即画出中、小枝,中、小直线相互间也构成原因结果的关系,展开到能采取措施为止;最后,讨论分析主要原因,把主要的、关键的原因分别用粗线或其他颜色标出来,或加上文字说明进行现场验证。

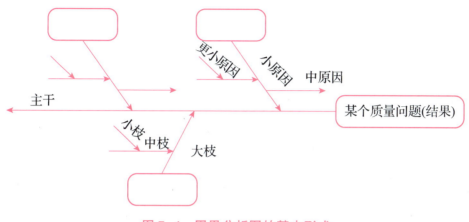

图 7-4　因果分析图的基本形式

3. 直方图法

直方图法即频数分布直方图法,它是将收集到的质量数据进行分组整理,绘制成频数直方图,用以描述质量分布状态的一种分析方法,又称为质量分布图法。直方图的分析方法如下。

(1)观察直方图的形状、判断质量分布状态。做完直方图后,首先要观察直方图的整体形状,看其是否属于正常直方图。正常型直方图就是中间高、两侧低,左右接近对称的图形,如图 7-5(a)所示。

出现非正常型直方图时,表明生产过程或收集数据作图有问题。需要进一步分析判断,找出原因,从而采取措施加以纠正。非正常型直方图一般有5种类型,见图 7-5(b)~(f)。

①锯齿分布,这多数是由于绘制直方图时分组不当或测量仪器精度不够而造成的,如图 7-5(b)所示。

②孤岛分布,这往往是因少量材料不合格,短期内工人操作不熟练所造成的,如图 7-5(c)所示。

③双峰分布,这往往是由于把来自两个总体的数据混在了一起作图所造成的,如把两个班组的数据混为一批,如图 7-5(d)所示。

④陡壁分布,这是由于人为地剔除一些数据而进行不真实的统计造成的,如图 7-5(e)所示。

⑤偏态分布,主要是因为计数值或计量值只控制一侧界限或剔除了不合格数据造成的,如图 7-5(f)所示。

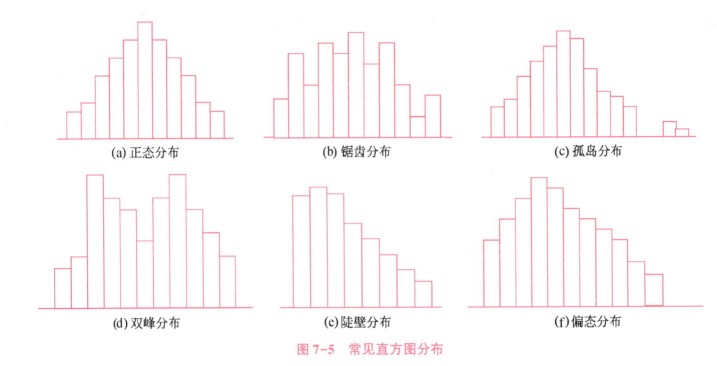

图 7-5　常见直方图分布

（2）同标准规格比较分析。当生产过程质量处于稳定状态时（直方图为正常型），还需进一步将直方图与规格标准进行比较，以判断生产过程质量满足标准要求的程度。用 T 表示质量标准要求的界限，B 表示实际质量特性值的分布范围，理想状态是过程能力（直方图）在规格界限内，且最好质量分布中心与质量标准中心相一致。

①理想型。B 在 T 中间，即质量分布中心与质量标准中心重合，两边各有一定余地，是一种最理想的直方图，如图 7-6（a）所示。表示生产过程处于正常、稳定状态。

②一侧无余地。B 在 T 内，但质量分布中心与质量标准中心不重合，偏向一边，另一边还有很多余地，若生产过程再变大（或变小），很可能会有不合格品发生，如图 7-6（b）所示。出现这种情况必须立即采取措施，设法使直方图移到中间来。

③两侧无余地。B 在 T 内，且 B 的范围非常接近 T 的范围，两边几乎没有余地。虽没有不合格品发生，一旦生产过程发生细微变化，就会有不合格品产生的危险，如图 7-6（c）所示。遇到这种情况必须立即采取措施，设法提高产品的精度，缩小质量特性分布范围。

④余地太多。B 在 T 内，但两侧有很大余地，说明加工过于精细、不经济，如图 7-6（d）所示。如果此种情形是因增加成本而得到，对公司而言并非好现象，故可考虑放宽质量控制标准，以降低成本、减少浪费。

⑤平均值偏左（或偏右）。B 过分偏离 T 的中心，即超出 T 的上限或下限，说明已经出现不合格品，如图 7-6（e）所示。此时，必须采取措施进行调整，使质量分布位于标准之内。

⑥离散度过大。B 完全超出了 T 的上下限，离散度太大，必然产生大量报废品，说明标准太高或者过程能力不足，如图 7-6（f）所示。应提高过程能力，使质量分布范围 B 缩小；或是规格标准定得太严，应适当放宽。

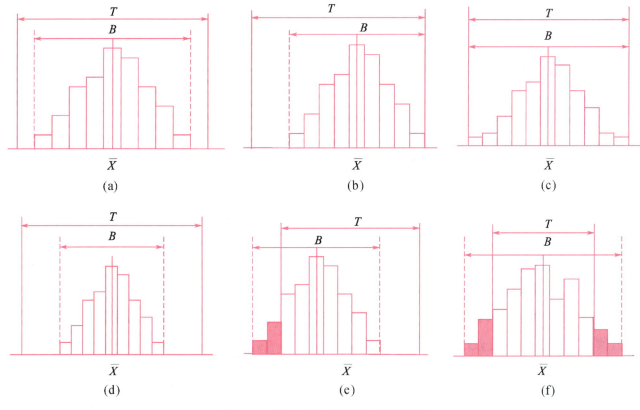

图 7-6　直方图与质量标准上下限

4. 控制图法

控制图又叫管理图，是分析和判断生产过程是否处于控制状态所使用的带有控制界限的图。控制图法是利用控制图区分质量波动原因，判断生产过程是否处于稳定状态。

5. 分层法

分层法又称为分类法，是将调查收集的原始数据，根据不同的目的和要求，按某一性质进行分组、整理。分层法是质量控制统计分析方法中最基本的一种方法，其他统计方法一般都要与分层法配合使用。

6. 调查表法

调查表法，是利用专门设计的统计表对质量数据进行收集、整理和粗略分析质量状态的一种方法。

7. 散布图法

散布图法又称为相关图法。在质量控制中它是用来显示两种质量数据之间关系的一种图形。用 X 和 Y 分别表示质量特性值和影响因素，通过绘制散布图，计算相关系数，分析研究两个变量之间是否存在相关关系，以及这种关系密切程度如何，进而对相关程度密切的两个变量，通过对其中一个变量的观察控制，去估计控制另一个变量的数值，以达到保证产品质量的目的。

7.1.3 施工项目质量控制

施工项目质量控制是指为达到项目质量要求所采取的作业技术和活动。

施工质量控制应贯彻全面、全员、全过程质量管理的思想。运用动态控制原理，进行质量的事前控制、事中控制和事后控制。

1. 事前质量控制

在正式施工前进行的事前主动质量控制，通过编制施工质量计划，明确质量目标，制定施工方案，设置质量管理点，落实质量责任，分析可能导致质量目标偏离的各种影响因素，针对这些影响因素制定有效的预防措施，防患于未然。

事前质量预控要求针对质量控制对象的控制目标、活动条件、影响因素进行周密分析、找出薄弱环节，制定有效的控制措施和对策。

2. 事中质量控制

事中质量控制指在施工质量形成过程中，对影响施工质量的各种因素进行全面的动态控制。事中质量控制也称作业活动过程质量控制，包括质量活动主体的自我控制和他人监控的控制方式。自我控制是第一位的，即作业者在作业过程对自己质量活动行为的约束和技术能力的发挥，以完成符合预定质量目标的作业任务；他人监控是对作业者的质量活动过程和结果，由来自企业内部管理者和企业外部有关方面进行监督检查，如工程监理机构、政府质量监督部门等的监控。

事中质量控制的目标是确保工序质量合格，杜绝质量事故发生；控制的关键是坚持质量标准；控制的重点是工序质量、工作质量和质量控制点的控制。

3. 事后质量控制

事后质量控制也称为事后质量把关，使不合格的工序或最终产品（包括单位工程或整个工程项目）不流入下道工序、不进入市场。事后控制包括对质量活动结果的评价、认定；对工序质量偏差的纠正；对不合格产品进行整改和处理。控制的重点是发现施工质量方面的缺陷，并通过分析提出施工质量改进的措施，保证质量处于受控状态。

7.1.4 施工质量检查、验收

1. 施工质量检查

质量检查（或称检验）的定义是："对产品、过程或服务的一种或多种特性进行测量、检查、试验、计量,并将这些特性与规定的要求进行比较,以确定其符合性的活动。"在施工过程中,为了确定建筑产品是否符合质量要求,就需要借助某种手段或方法对产品(工程)的质量特性进行测定,然后把测定的结果同该特性规定的质量标准进行比较,从而判定该产品(工程)是合格品、优良品或不合格品。因此,质量检验是保证产品(工程)质量的重要手段。

2. 施工质量检查的内容

质量检查的内容由施工准备的检验、施工过程的检验及交工验收的检验3部分内容组成。

(1)施工准备的检验内容。

①主要检查是否具备开工条件,开工后是否能够保持连续正常施工,能否保证工程质量。

②对原材料、半成品、成品、构配件,以及新产品的试制和新技术的推广,须进行预先检验。用直观的方法检验外形、规格、尺寸、色泽和平整度等;用仪器设备测试隔声、隔热、防水、抗渗、耐酸、耐碱、绝缘等物理、化学性能,以及构配件和结构性材料的抗弯、抗压、抗剪、抗震等力学性能检验工作。

对于混凝土和砂浆,还必须按设计配合比做试件检验,或采用超声波、回弹仪等测试手段进行混凝土的非破损的检验。

③对工程地质、地貌、测量定位、标高等资料进行复核检查。

④对构配件放样图纸有无差错进行复核检查。

(2)施工过程的检验内容。

①工序交接检查,对于重要的工序或对工程质量有重大影响的工序,应严格执行"三检"(自检、互检、专检)制度。未经监理工程师(或建设单位本项目技术负责人)检查认可,不得进行下道工序施工。

②隐蔽工程的检查,施工中凡是隐蔽工程必须检查认证后方可进行隐蔽掩盖。

③停工后复工的检查,因客观因素停工或处理质量事故等停工复工时,经检查认可后方能复工。

④分项、分部工程完工后的检查,应经检查认可并签署验收记录后,才能进行下一工程的施工。

⑤成品保护的检查,检查成品有无保护措施,以及保护措施是否有效、可靠。

(3)交工验收的检验内容。

①检查施工过程的自检原始记录。

②检查施工过程的技术档案资料。如隐蔽工程验收记录、技术复核、设计变更材料代用,以及各类试验、试压报告等。

③对竣工项目的外观检查。主要包括室内外的装饰、装修工程,屋面和地面工程,水、电及设备安装工程的实测检查等。

④对使用功能的检查。包括门窗启闭是否灵活、屋面排水是否畅通、地漏标高是否恰当、

设备运转是否正常、原设计的功能是否全部达到等。

3. 质量检查的方式

（1）全数检验：指对批量中的全部工程进行检验，此种检验一般应用于非破损性检查，检查项目少以及检验数量少的成品。这种检查方法工作量大、花费的时间长且只适用于非破坏性的检查。在建筑工程中，往往对关键性的或质量要求特别严格的分部分项工程。

（2）抽样检验：指对批量中抽取部分工程进行检验，并通过检验结果对该批产品（工程）质量进行估计和判断的过程。抽样的条件是：产品（工程）在施工过程中质量基本上是稳定的，而抽样的产品（工程）批量大、项目多。这种检查与全数检查相对照，具有投入人力少、花费时间短和检查费用低的优点，因此，在一般分部分项工程中普遍采用。

（3）审核检验：即随机抽取极少数样品进行复核性的检验，查看质量水平的现状，并做出准确的评价。

4. 质量检查的方法

现场质量检查是施工作业质量监控的主要手段，由于工程技术特性和质量标准各不相同，质量检查的方法也有很多种，现场质量检查的方法主要有以下几种。

（1）目测法。即凭借感官进行检查，也称观感质量检验，其手段可概括为"看、摸、敲、照"4个字。

看——就是根据质量标准要求进行外观检查。

摸——就是通过触摸手感进行检查、鉴别。

敲——就是运用敲击工具进行声感检查。

照——就是通过人工光源或反射光照射，检查难以看到或光线较暗的部位。

施工质量的预防

（2）实测法。实测法是通过实测数据与施工规范、质量标准的要求及允许偏差值进行对照，以此判断质量是否符合要求，其手段可概括为"靠、量、吊、套"4个字。

靠——就是用直尺、塞尺检查诸如墙面、地面、路面等的平整度。

量——就是指用测量工具和计量仪表等检查断面尺寸、轴线、标高、湿度、温度等的偏差。

吊——就是利用托线板及线坠吊线检查垂直度。

套——是以方尺套方，辅以塞尺检查。

（3）试验法。试验法是指必须通过试验手段，才能对质量进行判断的检查方法。如抗拉强度、密度、含水量、凝结时间、安定性及抗渗、耐磨、耐热性能等。此外，根据规定有时还需进行现场试验，例如，对桩或地基的静载试验、下水管道的通水试验、压力管道的耐压试验、防水层的蓄水或淋水试验等。

5. 施工质量验收

施工质量验收是指根据施工质量验收统一标准，建筑工程在施工单位自行质量检查评定的基础上，参与建设活动的有关单位共同对检验批、分项、分部、单位工程的质量进行抽样复验，根据相关标准以书面形式对工程质量达到合格与否作出确认。

施工质量验收包括施工过程的质量验收和工程项目竣工质量验收两个部分。

(1)施工过程的质量验收主要指检验批和分项、分部工程的质量验收。检验批和分项工程是质量验收的基本单元；分部工程是在所含全部分项工程验收的基础上进行验收的，在施工过程中随完工随验收，并留下完整的质量验收记录和资料；单位工程作为具有独立使用功能的完整的建筑产品，进行竣工质量验收。

施工过程质量验收不合格的处理方法如下。

①检验批质量不合格可能是由于使用的材料不合格，或施工作业质量不合格，或质量控制资料不完整等原因所致，其处理方法有以下几点。

a. 在检验批验收时，发现存在严重缺陷的应返工重做，有一般的缺陷可通过返修或更换器具、设备消除缺陷，返工或返修后应重新进行验收。

b. 个别检验批发现某些项目或指标(如试块强度等)不满足要求难以确定是否验收时，应请有资质的检测机构检测鉴定。当鉴定结果能够达到设计要求时，应予以验收。

c. 当检测鉴定达不到设计要求，但经原设计单位核算认可能够满足结构安全和使用功能的检验批，可予以验收。

②严重质量缺陷或超过检验批范围的缺陷，经有资质的检测机构检测鉴定以后，认为不能满足最低限度的安全储备和使用功能，则必须进行加固处理。经返修或加固处理的分项、分部工程，满足安全及使用功能要求时，可按技术处理方案和协商文件的要求予以验收，责任方应承担经济责任。

③通过返修或加固处理后仍不能满足安全或重要使用要求的分部工程及单位工程，严禁验收。

(2)工程项目竣工质量验收。工程竣工质量验收由建设单位负责组织实施，分包单位负责人应参加验收。

工程竣工验收的程序如下。

①工程完工并对存在的质量问题整改完毕后，施工单位向建设单位提交工程竣工报告，申请工程竣工验收。实行监理的工程，工程竣工报告须经总监理工程师签署意见。

②建设单位收到工程竣工报告后，对符合竣工验收要求的工程，组织勘察、施工、监理等单位组成验收组，制定验收方案。对于重大工程和技术复杂工程，根据需要可邀请有关专家参加验收组。

③建设单位应当在工程竣工验收 7 个工作日前将验收的时间、地点及验收组名单书面通知负责监督该工程的工程质量监督机构。

④建设单位组织工程竣工验收。

⑤工程竣工验收合格后，建设单位应当及时提出工程竣工验收报告。

⑥建设单位应当自建设工程竣工验收合格之日起 15 日内，向工程所在地的县级以上地方人民政府建设主管部门备案。

(3) 竣工后的保修。《建设工程质量管理条例》规定：施工单位对施工中出现质量问题的建设工程或者竣工验收不合格的建设工程，应当负责返修。

①基础设施工程、房屋建筑的地基基础工程和主体结构工程，为设计文件规定的该工程的合理使用年限。

②屋面防水工程、有防水要求的卫生间、房间和外墙面的防渗漏，为 5 年。

③供热与供冷系统，为 2 个采暖期、供冷期。

④电气管线、给水排水管道、设备安装和装修工程，为 2 年。

其他项目保修年限由建设单位和施工单位约定。建设工程的保修期，自竣工验收合格之日起计算。

7.1.5 工程质量事故分析与处理

1. 工程质量事故分析

工程质量事故发生的原因有以下几个方面。

(1) 违背基本建设程序。如未经可行性论证、未做好调查分析就拍板定案；未搞清地质情况就仓促开工；边设计、边施工；无图施工，不经竣工验收就交付使用等。

(2) 工程地质勘察失真。如未认真进行地质勘察就提供地质资料，数据有误；钻孔间距太大或钻孔深度不够，致使地质勘察报告不详细、不准确。

(3) 未加固处理好地基。如对不均匀地基未进行加固处理或处理不当，导致重大质量问题。

(4) 设计考虑不周。如盲目套用图纸、采用不正确的结构方案、计算简图与实际受力情况不符、荷载取值过小、内力分析有误、沉降缝或变形缝设置不当、悬挑结构未进行抗倾覆验算，以及计算错误等。

(5) 施工采用了不合格原材料及制品，导致混凝土结构强度不足，裂缝、渗漏、蜂窝、露筋，甚至断裂、垮塌。

（6）施工与管理问题。如不熟悉图纸，未经图纸会审，盲目施工；不按图施工，不按有关操作规程施工，不按有关施工验收规范验收；缺乏基础结构知识，施工蛮干；施工管理混乱，施工方案考虑不周；施工顺序错误，未进行施工技术交底，违章作业等。

（7）自然条件影响。温度、湿度、日照、雷电、大雨、暴风等都可能造成重大的质量事故。

（8）建筑结构使用问题。建筑物使用不当，使用荷载超过原设计的容许荷载；任意开槽、打洞，削弱承重结构的截面等。

2. 工程质量事故处理程序

工程质量事故的一般处理程序如图 7-7 所示。

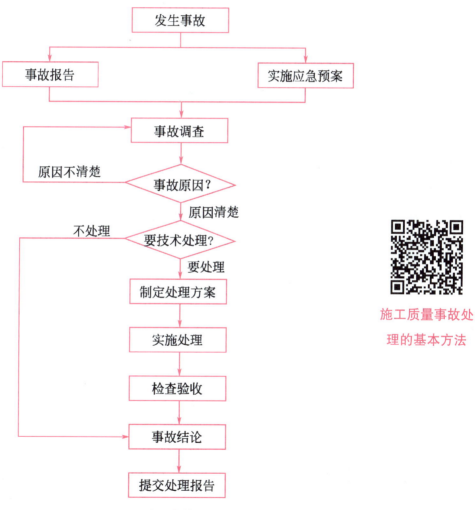

图 7-7 工程质量事故的一般处理程序

3. 工程质量事故处理方法

工程质量事故处理方法包括修补处理、返工处理、限制使用、不作处理。

7.2 建筑工程施工进度管理

7.2.1 概述

施工项目进度控制是指在既定的工期内,编制出最优的施工进度计划,在执行该计划施工中,经常检查施工实际进度情况,并将其与计划进度相比较,若出现偏差,便分析产生的原因及对工期的影响程度,找出必要的调整措施,修改原计划,不断地如此循环,直至工程竣工验收。施工项目进度控制的总目标是确保施工项目的既定目标工期的实现,在保证施工质量和不增加施工实际成本的条件下,适当缩短工期。

1. 施工项目进度控制的任务

(1) 编制施工总进度计划并控制其执行,按期完成施工项目的任务。
(2) 编制单位工程施工进度计划并控制其执行,按期完成单位工程的施工任务。
(3) 编制分部分项工程施工进度计划并控制其执行,按期完成分部分项的施工任务。
(4) 编制季、月(旬)作业计划并控制其执行,保证完成规定的目标等。

2. 施工项目进度控制的内容

(1) 项目进度目标的确定。施工(分包)单位的主要工作内容是依据施工承包(分包)合同,按照建设单位对项目动用时间的要求进行工期目标论证,确定完成合同要求的计划工期目标以及分解的各阶段工期控制目标。

(2) 项目进度计划与控制措施的编制。明确了项目的工期目标后,就要着手编制施工项目的进度计划,确定保证计划顺利实施和目标实现的控制性措施。

(3) 项目进度计划的跟踪检查与调整。施工项目进度计划在实施过程中必须定期跟踪检查所编的进度计划的执行情况。若其执行有偏差,则应分析原因,采取纠偏措施,并视情况调整进度计划。

3. 施工项目进度控制的措施

进度控制的措施包括组织措施、技术措施、经济措施、合同管理措施等。

(1) 组织措施:建立建筑工程项目进度实施和控制的组织系统;建立进度控制工作制度:检查时间、方法、召开协调会议时间、参加人员等;落实各层次进度控制人

进度控制措施

员，具体任务和工作职责；确定建筑工程项目进度目标，建立进度控制的目标体系。

（2）技术措施：通过分析与评价项目实施技术方案，选择有利于项目进度控制的措施；编制项目进度控制工作细则，指导人员开展进度控制工作；采用网络计划技术及其他科学、实用的计划方法，并结合计算机的应用实施项目进度动态控制。

（3）经济措施：落实实现进度目标的资金；签订并实施关于工期和进度的经济承包责任制；建立并实施关于工期和进度的奖惩制度。

（4）合同管理措施：选择合理的合同结构；加强合同管理；加强风险管理。

7.2.2 施工项目进度比较方法

常用的施工项目进度比较方法有横道图比较法、S形曲线比较法、香蕉曲线比较法、前锋线比较法等。

1. 横道图比较法

横道图比较法是将项目施工过程中检查实际进度收集的信息，经加工整理后直接用横道线平行绘于原计划的横道线下，进行实际进度与计划进度的比较方法。其特点是能够形象、直观地反映实际进度与计划进度的比较情况。如图7-8所示。

图7-8 横道图比较法

2. S形曲线比较法

S形曲线比较法是以横坐标表示时间，纵坐标表示累计完成任务量，绘制一条按计划时间累计完成任务量的曲线，然后将工程项目实施过程中各检查时间实际累计完成任务量也绘制在同一坐标系中，进行实际进度与计划进度比较的一种方法。如图7-9所示。

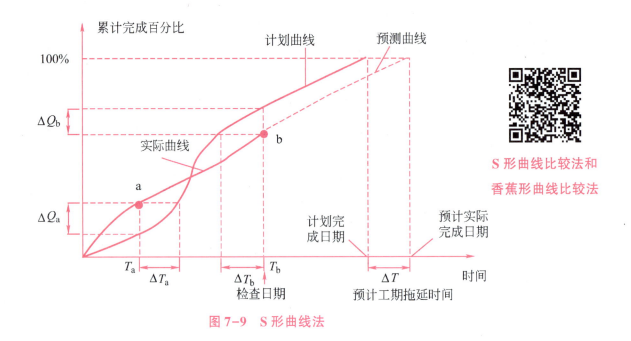

图 7-9　S 形曲线法

S 形曲线比较法和香蕉形曲线比较法

3. 香蕉形曲线比较法

香蕉曲线是两种 S 形曲线组合而成的闭合曲线。这两种 S 形曲线分别是：以各项工作最早开始时间安排进度而绘制的 ES 曲线和以各项工作最迟开始时间安排进度而绘制 LS 曲线。这两条曲线都是从计划的开始时刻开始，到计划的完成时刻结束，二者具有共同的起点和终点，因此这两条曲线是闭合的。通常 ES 曲线上的各点均落在 LS 曲线相应的左侧，使所形成的闭合曲线状如"香蕉"，故称香蕉曲线。如图 7-10 所示。

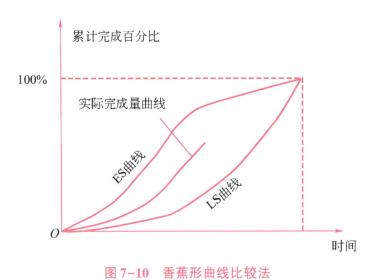

图 7-10　香蕉形曲线比较法

4. 前锋线比较法

前锋线比较法是通过绘制基本检查时刻工程项目实际进度前锋线，进行工程实际进度与计划进度比较的方法。它主要适用于时标网络计划。所谓前锋线，是指在原时标网络计划上，从检查时刻的时标点出发，用点画线依次将各项工作实际进度位置点连接而成的折线。如图7-11所示。

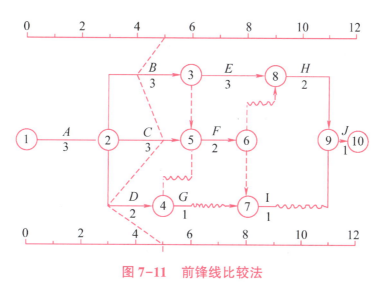

图7-11 前锋线比较法

7.2.3 施工项目进度计划的审查与实施

1. 施工项目进度计划的审查

项目经理应对建筑工程项目进度计划进行审查，主要审核内容有以下几项。

(1)编写、审查、批准程序是否符合要求。
(2)施工进度计划内容是否全面。
(3)施工进度计划是否满足合同及业主主要时间控制点的要求。
(4)施工进度计划是否与施工方案一致。
(5)施工进度计划中的工序分解粗细程度是否满足指导施工的要求。
(6)施工进度计划中工序间的逻辑关系是否合理。
(7)施工进度计划中各工期的确定是否合理。
(8)资源计划能否保证进度计划的需要。
(9)进度保证措施是否合理。
(10)进度计划中的关键工作及非关键工作的总时差(机动时间)是否明确。
(11)该进度计划是否与参与本工程的材料、设备供应、进度计划相协调。此外，在审批进度计划时，还必须检查现场的施工条件是否能够满足进度计划的要求。

2. 施工项目进度计划的实施

项目施工进度计划应通过编制年、季、月、旬、周施工进度计划实现。年、季、月、周施工进度计划应逐级落实，最终通过施工任务书由班组实施。在施工进度计划实施过程中应进行下列工作。

（1）跟踪计划的实施并进行监督，当发现进度计划执行受到干扰时，应采取调度措施。

（2）在计划图上进行实际进度记录，并跟踪记载每个施工过程的开始日期、完成日期记录每日完成数量、施工现场发生的情况、干扰因素的排除情况。

（3）执行施工合同中对进度、开工及延期开工、暂停施工、工期延误、工程竣工的承诺。

（4）跟踪形象进度并对工程量、总产值、耗用的人工、材料和机械台班等的数量进行统计与分析，编制统计报表。

（5）落实控制进度措施应具体到执行人、目标、任务、检查方法和考核办法。

（6）处理进度索赔。

7.2.4 施工项目进度计划的检查与调整

1. 施工项目进度计划的检查

在建筑工程项目实施过程中，进度计划的检查贯穿于始终。只有跟踪检查实际进展情况，掌握实际进展及各工作队组任务完成程度，收集计划实施的信息和有关数据，才能为进度计划的控制提供必要的信息资料和依据。进度计划的检查应从以下几个方面入手：

（1）跟踪检查实际施工进度。检查的时间与施工项目的类型、规模、施工条件和对进度要求程度有关，通常有日常检查和定期检查两类。检查方式可采用定期收集进度报表资料，定期召开进度工作汇报会，定期检查进度的实际执行情况。

（2）整理统计实际进度数据。一般可按实物工程量、工作量、劳动消耗量及其累计百分比来整理、统计实际检查的数据，以便于相应的计划完成量相对比。

（3）对比分析进度完成情况。用已整理统计的反映实际进度的数据与计划进度数据相比较。

（4）进度检查结果的处理。对施工进度检查的结果，要形成报告，其基本内容有：对施工进度执行情况作综合描述，实际进度与计划目标相比较的偏差状况及其原因分析，解决问题措施，计划调整意见等。

2. 施工项目进度计划的调整

（1）网络计划调整的内容：调整关键线路的长度；调整非关键工作时差；增、减工作项目；调整逻辑关系；重新估计某些工作的持续时间；对资源的投入作相应调整。

（2）网络计划调整的方法。

①调整关键线路的方法。

a. 当关键线路的实际进度比计划进度拖后时，应在尚未完成的关键工作中，选择资源强度小或费用低的工作缩短其持续时间，并重新计算未完成部分的时间参数，将其作为一个新计划实施。

b. 当关键线路的实际进度比计划进度提前时，若不拟提前工期，应选用资源占用量大或者直接费用高的后续关键工作，适当延长其持续时间，以降低其资源强度或费用；当确定要提前完成计划时，应将计划尚未完成的部分作为一个新计划，重新确定关键工作的持续时间，按新计划实施。

②非关键工作时差的调整方法。非关键工作时差的调整应在其时差的范围内进行，以便更充分地利用资源、降低成本或满足施工的需要。每一次调整后都必须重新计算时间参数，观察该调整对计划全局的影响。可采用以下几种调整方法。

a. 将工作在其最早开始时间与最迟完成时间范围内移动。

b. 延长工作的持续时间。

c. 缩短工作的持续时间。

③增、减工作项目时的调整方法。增、减工作项目时应符合以下规定。

a. 不打乱原网络计划总的逻辑关系，只对局部逻辑关系进行调整。

b. 在增减工作后应重新计算时间参数，分析对原网络计划的影响；当对工期有影响时，应采取调整措施，以保证计划工期不变。

④调整逻辑关系。逻辑关系的调整只有当实际情况要求改变施工方法或组织方法时才可进行。调整时应避免影响原定计划工期和其他工作的顺利进行。

⑤调整工作的持续时间。当发现某些工作的原持续时间估计有误或实现条件不充分时，应重新估算其持续时间并重新计算时间参数，尽量使原计划工期不受影响。

⑥调整资源的投入。当资源供应发生异常时，应采用资源优化方法对计划进行调整或采取应急措施，使其对工期的影响最小。

网络计划的调整可以定期进行，亦可根据计划检查的结果在必要时进行。

7.3 建筑工程成本管理

7.3.1 概述

1. 基本概念

施工成本是指在建设工程项目的施工过程中发生的全部生产费用总和，包括所消耗的主辅材料、构配件、周转材料的摊销费或租赁费、施工机械的台班费、支付给生产施工人员的工资和奖金，以及项目经理部为组织和管理工程施工所发生的全部费用支出。建设工程项目施工成本由直接成本和间接成本组成。

直接成本是指在施工过程中耗费的构成工程实体或有助于工程实体形成的各项费用支出，是可以直接计入工程对象的费用，包括人工费、材料费和施工机具使用费等。

间接成本是指准备施工、组织和管理施工生产的全部费用支出，是非直接用于也无法直接计入工程对象，但为进行工程施工所必须发生的费用，包括管理人员工资、办公费、差旅交通费等。

施工成本管理就是要在保证施工项目工期和质量满足要求的情况下，采取相关的管理措施，包括组织措施、经济措施、技术措施、合同措施，把成本控制在计划范围内，并进一步寻找最大限度的成本节约。

2. 施工项目成本的划分

（1）按成本发生的时间划分，可分为预算成本、合同价、计划成本、实际成本。

（2）按施工费用计入成本的方法划分，可分为直接成本、间接成本。

（3）按成本习性划分，可分为固定成本、变动成本。

施工项目成本

3. 施工项目成本管理的任务

（1）施工成本预测。施工成本预测就是通过成本信息和施工项目的具体情况，采用经验总结、统计分析及数学模型的方法，对未来的成本水平及其可能发展趋势作出科学的估计。其实质就是在施工以前对成本进行估算。

（2）施工成本计划。施工成本计划是以货币形式编制施工项目在计划期内的生产费用、成本水平、成本降低率，以及为降低成本所采取的主要措施和规划的书面方案。它是建立施工项目成本管理责任制、开展成本控制和核算的基础。一般来说，一个施工项目成本计划应包括从开工到竣工所必需的施工成本，它是该施工项目降低成本的指导文件，是设立目标成本的依据。

（3）施工成本控制。施工成本控制是指在施工过程中，对影响施工项目成本的各种因素加强管理，并采用各种有效措施，将施工中实际发生的各种消耗和支出严格控制在成本计划范围内，通过动态监控并及时反馈，严格审查各项费用是否符合标准，计算实际成本和计划成本之间的差异并进行分析，进而采取多种措施，减少或消除损失浪费。

（4）施工成本核算。施工成本核算是指按照规定开支范围对施工成本进行归集，计算出施工成本的实际发生额，并根据成本核算对象采用适当的方法，计算出该施工项目的总成本和单位成本。施工项目成本核算所提供的各种成本信息是成本预测、成本计划、成本控制、成本分析和成本考核等各个环节的依据。

（5）施工成本分析。施工成本分析是在成本核算的基础上，对成本的形成过程和影响成本升降的因素进行分析，以寻求进一步降低成本的途径，包括有利偏差的挖掘和不利偏差的纠正。成本分析贯穿于施工成本管理的全过程。

（6）施工成本考核。责任制的有关规定，将成本的实际指标与计划、定额、预算进行对比和考核，评定施工项目成本计划的完成情况和各责任者的业绩，并以此给予相应的奖励和处罚。

4. 施工项目成本管理的措施

（1）组织措施。组织措施是从成本管理的组织方面采取的措施。成本控制是全员的活动，如实行项目经理责任制，落实成本管理的组织机构和人员，明确各级成本管理人员的任务和职能分工、权力和责任。成本管理不仅是专业成本管理人员的工作，各级项目管理人员都负有成本控制责任。组织措施的另一方面是编制成本控制工作计划、确定合理详细的工作流程。

（2）技术措施。施工过程中降低成本的技术措施，包括进行技术经济分析，确定最佳的施工方案；结合施工方法，进行材料使用的比选，在满足功能要求的前提下，通过代用、改变配合比使用外加剂等方法降低材料消耗的费用；确定最合适的施工机械、设备使用方案；结合项目的施工组织设计及自然地理条件，降低材料的库存成本和运输成本；应用先进的施工技术，运用新材料，使用先进的机械设备等。

（3）经济措施。经济措施是最易被人们接受和采用的措施。管理人员应编制资金使用计划，确定分解成本管理目标。对成本管理目标进行风险分析，并制定防范性对策。在施工中严格控制各项开支，及时准确地记录、收集、整理、核算实际支出的费用。对各种变更，应及时做好增减账，落实业主签证并结算工程款。通过偏差分析和未完工程预测，发现一些潜在的可能引起未完工程成本增加的问题，及时采取预防措施。因此，经济措施的运用绝不仅仅是财务人员的事情。

（4）合同措施。采用合同措施控制成本，应贯穿整个合同周期，包括从合同谈判开始到合同终结的全过程。对于分包项目，首先，选用合适的合同结构，对各种合同结构模式进行分析、比较。在合同谈判时，要争取选用适合于工程规模、性质和特点的合同结构模式；其次，在合同的条款中应仔细考虑一切影响成本和效益的因素，特别是潜在的风险因素。通过对引起成本变动的风险因素的识别和分析，采取必要的风险对策，如通过合理的方式增加承担风险的个体数量以降低损失发生的比例，并最终将这些策略体现在合同的具体条款中。在合同执行期间，合同管理的措施既要密切注视对方合同执行的情况，以寻求合同索赔的机会，同时也要密切关注自己履行合同的情况，以防被对方索赔。

7.3.2 施工项目成本预测和计划

1. 施工项目成本预测

成本预测，是指成本事前的预测分析，是对施工活动实行事前控制的重要手段，也是选择和实现最优成本的重要途径。

成本预测的方法有如下几种。

(1) 基本方法。

①定性分析法。定性分析法是指通过调查研究，利用直观的有关资料、个人经验和综合分析能力进行主观判断，对未来成本进行预测的方法，因而也称为直观判断预测法或简称为直观法。这种方法使用起来比较简便，一般是在资料不多或难以进行定量分析时采用，适用于中、长期预测。常用的定性预测方法有管理人员判断法、专业人员意见法、专家意见法及市场调查法等。具体的方式有开座谈会、访问、现场观察、函调等。

②定量分析法。定量分析法是指根据历史数据资料，应用数理统计的方法来预测事物的发展状况，或者利用事物内部因素发展的因果关系，来预测未来变化趋势的方法。这类方法又可分为外推法和因果法。

(2) 两点法。这是一种较为简便的统计方法。按照选点的不同，可分为高低点法和近期费用法。所谓高低点法，是指选取的两点是一系列相关值域的最高点和最低点，即以某一时期内的最高工作量与最低工作量的成本进行对比，借以推算成本中的变动与固定费用各占多少的一种简便方法。如果选取的两点是近期的相关值域，则称为近期费用法。两点法适用于公司成本预测，其优点是在于简便易算，缺点是预测值不够精确。

(3) 最小二乘法。采用线性回归分析，寻找一条直线，使该直线比较接近约束条件，用以预测总成本和单位成本的一种方法。

(4) 专家预测法。依靠专家来预测未来成本的方法。这种预测值的准确性，取决于专家知识和经验的广度与深度。采用专家预测法，一般要事先向专家提供成本信息资料，由专家经过研究分析，根据自己的知识和经验对未来成本作出个人判断，然后再综合分析各专家的意见，形成预测的结论。

2. 施工项目成本计划

(1) 施工项目成本计划编制程序。

①预测项目成本。

②确定项目总体成本目标。

③编制项目总体成本计划。

④项目管理机构与组织的职能部门根据其责任成本范围,分别确定自己的成本目标,并编制相应的成本计划。

⑤针对成本计划制定相应的控制措施。

⑥由项目管理机构与组织的职能部门负责人分别审批相应的成本计划。

(2)施工项目成本计划编制方法。

①按施工成本组成编制施工成本计划的方法:施工成本也可以按成本组成分解为人工费、材料费、施工机械使用费、企业管理费等,编制按施工成本组成分解的施工成本计划如图7-12所示。

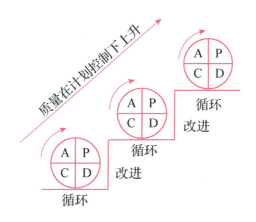

图7-12 按成本构成分解

②按项目组成编制施工成本计划的方法:首先,要把项目总施工成本分解到单项工程和单位工程中,再进一步分解为分部分项工程。在完成施工项目成本目标分解之后,接下来就要具体地分配成本,编制分项工程的成本支出计划,从而得到详细的施工成本计划,见表7-2。

表7-2 分项工程成本计划

分项工程编码	工程内容	计量单位	工程数量	计划成本	本分项总计
(1)	(2)	(3)	(4)	(5)	(6)

③按工程进度编制施工成本计划的方法:编制按工程进度的施工成本计划,通常可利用控制项目进度的网络图进一步扩充而得。即在建立网络图时,一方面确定完成各项工作所需要花费的时间,另一方面确定完成这一工作的合适的施工成本支出计划。在实践中,将工程项目分解为既能方便地表示时间,又能方便地表示施工成本支出计划是不容易的。通常,如果项目分解程度对时间控制合适的话,则对施工成本支出计划可能分解过细,以至于不可能对每项工作确定其施工成本支出计划,反之亦然。因此在编制网络计划时,应在充分考虑进

度控制对项目划分要求的同时，还要考虑确定施工成本支出计划对项目划分的要求，做到二者兼顾。通过对施工成本目标按时间进行分解，在网络计划的基础上可获得项目进度计划横道图，并在此基础上编制成本计划，主要有两种：一种是在时标网络上按月编制的成本计划；另一种是利用时间—成本曲线（S形曲线）表示。

7.3.3 施工项目成本控制

1. 施工项目成本控制的依据

（1）工程承包合同：施工项目成本控制要以工程承包合同为依据，围绕降低工程成本这个目标，从预算收入和实际成本两方面努力挖掘"增收节支"潜力，以求获得最大的经济效益。

（2）施工项目成本计划：施工成本计划是根据施工项目的具体情况制订的施工成本控制方案，既包括预定的具体成本控制目标，又包括实现控制目标的措施和规划，是施工成本控制的指导文件。

（3）进度报告：进度报告提供了每一时刻工程实际完成量，工程施工成本实际支付情况等重要信息。施工成本控制工作正是通过实际情况与施工成本计划相比较，找出二者之间的差别，分析偏差产生的原因，从而采取措施改进以后的工作。此外，进度报告还有助于管理者及时发现工程实施中存在的隐患，并在事态还未造成重大损失之前采取有效措施，尽量避免损失。

（4）工程变更：在项目的实施过程中，由于各方面的原因，工程变更是很难避免的。工程变更一般包括设计变更、进度计划变更、施工条件变更、技术规范与标准变更、施工次序变更、工程数量变更等。一旦出现变更，工程量、工期、成本都必将发生变化，从而使得施工成本控制工作变得更加复杂和困难。因此，施工成本管理人员应当通过对变更要求当中各类数据的计算、分析，随时掌握变更情况，包括已发生工程量、将要发生工程量、工期是否拖延、支付情况等重要信息，判断变更以及变更可能带来的索赔额度等。

除了上述几种施工成本控制工作的主要依据以外，有关施工组织设计、分包合同文本等也都是施工成本控制的依据。

2. 施工项目成本控制的步骤

（1）比较。按照某种确定的方式将施工成本计划值与实际值逐项进行比较，以发现施工成本是否超支。

（2）分析。在比较的基础上，对比较的结果进行分析，以确定偏差的严重性及偏差产生的原因。这一步是施工成本控制工作的核心，其主要目的在于找出产生偏差的原因，从而采取有针对性的措施，减少或避免相同原因的偏差再次发生或减少由此造成的损失。

(3)预测。根据项目实施情况估算整个项目完成时的施工成本。预测的目的在于为决策提供支持。

(4)纠偏。当工程项目的实际施工成本出现了偏差,应当根据工程的具体情况,偏差分析和预测的结果,采取适当的措施,以期达到使施工成本偏差尽可能小的目的,纠偏是施工成本控制中最具实质性的一步。只有通过纠偏,才能最终达到有效控制施工成本的目的。

(5)检查。指的是对工程的进展进行跟踪和检查,及时了解工程进展状况以及纠偏措施的执行情况和效果,为今后的工作积累经验。

3. 施工项目成本控制的方法

施工成本控制的方法有价值工程法、赢得值法、过程控制法等。

7.3.4 施工项目成本核算

施工项目成本核算是对施工中各种费用支出和成本的形成进行审核、汇总、计算。项目经理部作为施工项目的成本中心,做好项目的成本核算,为成本管理各环节提供了必要的资料,所以成本核算是成本管理的一个重要环节,应贯穿于成本管理的全过程。

1. 施工项目成本核算的范围

财政部以财会〔2013〕17号印发的《企业产品成本核算制度(试行)》则将成本项目分为以下类别。

(1)直接人工,是指按照国家规定支付给施工过程中直接从事建筑安装工程施工的工人,以及在施工现场直接为工程制作构件和运料、配料等工人的职工薪酬。

(2)直接材料,是指在施工过程中所耗用的构成工程实体的材料、结构件、机械配件和有助于工程形成的其他材料,以及周转材料的租赁费和摊销等。

(3)机械使用费,是指施工过程中使用自有施工机械所发生的机械使用费、使用外单位施工机械的租赁费,以及按照规定支付的施工机械进出场费等。

(4)其他直接费用,是指施工过程中发生的材料搬运费、材料装卸保管费、燃料动力费、临时设施摊销、生产工具用具使用费、检验试验费、工程定位复测费、工程点交费、场地清理费,以及能够单独区分和可靠计量的为订立建造承包合同而发生的差旅费、投标费等费用。

(5)间接费用,是指企业各施工单位为组织和管理工程施工所发生的费用。

(6)分包成本,是指按照国家规定开展分包,支付给分包单位的工程价款。

施工企业在核算产品成本时,就是按照成本项目来归集企业在施工生产经营过程中所发生的应计入成本核算对象的各项费用。其中,属于人工费、材料费、机械使用费和其他直接费等直接成本费用,直接计入有关工程成本。间接费用可先通过费用明细科目进行归集,期末再按照确定的方法分配计入有关工程成本核算对象的成本。

2. 施工项目成本核算的程序

（1）对所发生的费用进行审核，以确定应计入工程成本的费用和计入各项期间费用数额。

（2）将应计入工程成本的各项费用，区分为哪些应当计入本月的工程成本，哪些应由其他月份的工程成本负担。

（3）将每个月应计入工程成本的生产费用，在各个成本对象之间进行分配和归集，计算各工程成本。

（4）对未完工程进行盘点，以确定本期已完工程实际成本。

（5）将已完工程成本转入工程结算成本；核算竣工工程实际成本。

3. 施工项目成本核算的方法

（1）表格核算法。表格核算法是通过对施工项目内部各环节进行成本核算，以此为基础，核算单位和各部门定期采集信息，按照有关规定填制一系列的表格，完成数据比较、考核和简单的核算，形成工程项目成本的核算体系，作为支撑工程项目成本核算的平台。这种核算的优点是简便易懂，方便操作，实用性较好；缺点是难以实现较为科学严密的审核制度，精度不高，覆盖面较小。

（2）会计核算法。会计核算法建立在会计对工程项目进行全面核算的基础上，再利用收支全面核实和借贷记账法的综合特点，按照施工项目成本的收支范围和内容进行施工项目成本核算。不仅核算工程项目施工的直接成本，还要核算工程项目在施工过程中出现的债权债务、为施工生产而自购的工具、器具摊销、向发包单位的报量和收款、分包完成和分包付款等。这种核算方法的优点是科学严密，人为控制的因素较小而且核算的覆盖面较大；缺点是对核算工作人员的专业水平和工作经验都要求较高。项目财务部门一般采用此种方法。

（3）两种核算方法的综合使用。因为表格核算具有操作简单和表格格式自由等特点，因而对工程项目内各岗位成本的责任核算比较实用。施工单位除对整个企业的生产经营进行会计核算外，还应在工程项目上设成本会计，进行工程项目成本核算，以减少数据的传递，提高数据的及时性，便于与表格核算的数据接口。总地来说，用表格核算法进行工程项目施工各岗位成本的责任核算和控制，用会计核算法进行工程项目成本核算，两者互补，相得益彰，确保工程项目成本核算工作的开展。

7.3.5 施工项目成本分析与考核

1. 施工项目成本分析

施工成本分析，就是根据会计核算、业务核算和统计核算提供的资料，对施工成本的形成过程和影响成本升降的因素进行分析，以寻求进一步降低成本的途径；另一方面，通过成本分析，可从账簿、报表反映的成本现象看清成本的实质，从而增强项目成本的透明度和可控性，为加强成本控制、实现项目成本目标创造条件。

2. 施工项目成本考核

成本考核是衡量成本降低的实际成果，也是对成本指标完成情况的总结和评价。应根据项目成本管理制度，确定项目成本考核目的、时间、范围、对象、方式、依据、指标、组织领导、评价与奖惩原则。

施工项目成本考核应包括两个方面的考核，即项目成本目标（降低成本目标）完成情况的考核和成本管理工作业绩的考核。这两方面都属于施工企业对施工项目经理部成本监督的范畴。成本降低水平与成本管理工作之间有着必然的联系，又同时受偶然因素的影响，但都是对项目成本评价的一方面，其水平高低都是企业对项目成本进行考核和奖罚的依据。

7.4 建筑工程其他管理

7.4.1 施工项目资金管理

施工项目的资金是施工项目经理部占用和支配物资和财产的货币表现，是市场流通的手段，是进行生产经营活动的必要条件和物质基础。因此，资金管理直接关系到施工项目能否顺利进行和施工项目的经济效益。

施工项目资金管理的要点如下。

（1）确定施工项目经理当家理财的中心地位。

（2）项目经理部应在企业内部的银行申请开设独立账户，由内部银行办理项目资金的收、支、划、转，由项目经理签字确认。

（3）内部银行实行有偿使用、存款计息、定额考核、定额内低利率、定额外高利率的内部贷款办法。

（4）项目经理部按月编制资金收支计划，企业工程部签订供款合同，公司总会计师批准，内部银行监督实施，月终提出执行情况分析报告。

（5）项目经理部应及时向发包方收取工程预付备料款，做好分期结算、预算增减账、竣工结算等工作，定期进行资金使用情况和效果分析，不断提高资金管理水平和效益。

(6)建设单位所交"三材"和设备，是项目资金的重要组成部分。

(7)项目经理部每月定期召开业主代表及分包、供应、加工各单位代表碰头会，协调工程进度、配合关系、资金调度及甲方供料事宜。

7.4.2 施工项目合同管理

1. 建设工程合同的概念及分类

合同是指平等主体的自然人、法人、其他组织之间设立、变更、终止民事权利义务关系的协议。

建设工程合同是指在工程建设过程中发包人和承包人依法订立的、明确双方权利义务关系的协议。

建设工程合同类别划分如下。

(1)按完成承包的范围和内容分类，建设工程合同分为勘察合同、设计合同和施工合同。

(2)按发包承包人签订合同时约定方式分类，可划分为总价合同、单价合同和成本加酬金合同三大类型。

①总价合同包括固定总价合同和可调总价合同。

②单价合同承包人只承担工程单价、费用方面的风险，工程量方面的风险由发包人承担。单价合同大多用于工期长、技术复杂、实施过程中发生各种不可预见因素较多的大型复杂工程的施工，以及业主为了缩短项目建设周期，初步设计完成后就进行施工招标的工程。

③成本加酬金合同工程最终的合同价格按承包商的实际成本加一定比例的酬金计算。有成本定比费用合同、成本固定费用合同、成本浮动酬金合同三种形式。

2. 建设工程施工合同的特点

(1)合同主体的严格性。

(2)合同标的特殊性。

(3)合同履行期限的长期性。

(4)投资和程序的严格性。

(5)合同形式的特殊要求。

3. 建筑工程施工合同管理

合同管理是通过掌握合同原理后，通过对施工合同种类、计价方式及合同约定方式等多方面的剖析，全面培养合同管理实务能力。合同管理的目标是保证项目三大目标的实现。

(1)对不可抗力事件的管理。不可抗力包括合同当事人不能预见、不能避免且不能克服的客观情况。管理程序要求承包方迅速采取措施，结束后48h内向监理工程师报告损失情况和费用。如继续发生则每隔7d报告一次，并于事件结束后14d内向监理工程师提供受损及费用最终报告。

（2）保险管理。保险是一种受法律保护的分散危险、消化损失的法律制度。

（3）担保管理。我国法定的担保形式有保证、抵押、质押、留置和定金五种。

（4）工程转包和分包的管理。工程转包是指工程承包方未获得发包方的同意，以营利为目的，将与承包范围相一致的工程转让给其他建筑安装单位并不对所承包工程的技术、管理、质量和经济承担责任的行为。工程分包是指工程承包方按与发包方商定的方案将承包范围内的非主要部分及专业性较强的工程另行发包给具有相应资质的建筑安装单位承包的行为。

（5）合同争议、合同解除的管理。合同争议可以采用和解、调解、仲裁、诉讼等途径解决。施工合同的解除方式有协商解除、约定解除。

4. 建设工程施工合同示范文本

（1）建设工程施工合同示范文本组成。《建设工程施工合同（示范文本）》由三部分组成：协议书、通用条款、专用条款。协议书是总纲性的文件。通用条款是根据建设工程施工的需要而制定的，通用于所有建设工程项目施工的条款。专用条款双方结合实际协议达成一致意见的条款。是对通用条款的具体化、补充或修改。通用条款和专用条款的条款号是一一对应的。

（2）施工合同文件的解释。组成合同的各个文件应能互相解释、互为说明。根据法律约束力和结束顺序确定合同的优先解释顺序：协议书（包括补充协议）；中标通知书；投标书及其附件；专用合同条数；通用合同条款；标准、规范及技术文件；图样；工程量清单；工程报价单或预算书等。

7.4.3 施工项目信息（BIM）管理

1. BIM与施工前期

自从BIM引入施工管理市场以来，施工前期一直是工具应用的重要领域。由于BIM能让团队在项目早期创建和利用信息，为团队协同、交流提供了有力工具，其在施工前期的应用日益增加。探讨如何在施工前期活动中整合应用BIM技术，包括基于BIM的进度计划、物流、预算、可施工性分析、可视化和预制规划等。

（1）制订进度计划：采用集成项目交付方法和风险型CM方法左端工期、加速交付。采用这种方法，设计和施工往往同步进行，使信息交换更加复杂。

（2）可施工性审查：在可施工性审查阶段，BIM模型的用途是以低廉的成本模拟、分析实际施工问题。

（3）工程预算：BIM 模型制定预算，可通过自定义公式的方式获得工程项目的预算，也可利用自带的计算功能获得预算。

（4）模型分析：对建模软件的数据进行提取，并加以分析。

（5）物流规划：应用 BIM 技术，能够为缓解物料侵蚀、起重机运输物料、物料暂存区域、车辆交通或通道、物料提升机、设备、脚手架和安全等物流相关的问题制定方案。

2. BIM 与施工

施工期间的 BIM 应用要点包括 BIM 在施工现场的应用策略、Navisworks 应用和移动应用带来的变革，涵盖了质量控制、安装验证、变更管理、设备追踪、库存管理等相关流程，以及通过创建数字工地实现信息的实时共享。

模型协调计划在 BIM 应用流程中扮演着至关重要的角色；模型协调计划中包含了在项目启动之初，需确定由谁使用模型、模型在何处进行发布，以及如何在施工过程中应用模型。

BIM 在施工现场的常见应用包括：分析现场施工信息、管理场地的冲突检测、更新模型驱动的预算（5D）、明确工作范围和工作界面、管理物料库存、执行 4D 计划更新、在现场进行进度冲突检测、明确预制组件安装、加强现场安全管理、添加竣工及现场的模型信息、通过（5D）建筑场景进行进度优化、利用 BIM 创建收尾问题清单、在项目收尾阶段准备竣工模型等。

3. BIM 与施工收尾

BIM 可持续更新设施信息，而无须查找和修订大量 CAD 文件。此外，BIM 更易于为设施经理实现定制化应用。

单 元 总 结

本教学单元阐述了建筑工程质量管理、建筑工程进度管理、建筑工程成本管理、建筑工程资金管理、建筑工程合同管理、建筑工程项目信息（BIM）管理等建筑工程项目管理的相关内容。通过本教学单元的学习，学生初步具备运用建筑工程项目管理的知识进行现场管理的能力。

习　题

一、填空题

1. 质量方针是指由组织的（　　　　）正式发布的、该组织总的质量宗旨和方向。

2. 质量控制是指"为达到（　　　　）所采取的作业技术和活动"。

3. 在排列图中，横坐标表示的内容是（　　　　）。

4. 建筑工程项目成本分析是对（　　　　）的过程和结果进行分析，也是对成本升降的因素进行分析，为加强成本控制创造有利条件。

5. 建筑工程项目管理的核心是（　　　　）。

二、单选题

1. BIM 技术的核心是（　　）。

  A. 信息化　　　　B. 可视化　　　　C. 协同化　　　　D. 参数化

2. 根据建设工程项目施工成本的组成，属于直接成本的是（　　）。

  A. 办公费用　　　B. 差旅交通费　　C. 机械折旧费　　D. 管理人员工资

3. 编制成本计划时，施工成本可以按成本构成分解为（　　）。

  A. 人工费、材料费、施工机具使用费、企业管理费

  B. 人工费、材料费、施工机具使用费、规费和企业管理费

  C. 人工费、材料费、施工机具使用费、规费和间接费

  D. 人工费、材料费、施工机具使用费、间接费、利润和税金

4. 下列进度控制措施中，属于组织措施的是（　　）。

  A. 编制工程网络进度计划　　　　　B. 编制资源需求计划

  C. 编制先进完整的施工方案　　　　D. 编制进度控制的工作流程

5. 进度比较方法具有记录方便简单、形象直观等优点，但各工作之间的逻辑关系表达不明确，产生偏差时不容易判断对总工期的是（　　）。

  A. 横道图比较法　B. S 形曲线比较法　C. 香蕉曲线比较法　D. 前锋线比较法

6. 对装饰工程中的水磨石、面砖、石材饰面等现场检查时，均应进行敲击检查其铺贴质量。该方法属于现场质量检查方法中的（　　）。

  A. 目测法　　　　B. 实测法　　　　C. 记录法　　　　D. 试验法

三、多选题

1. 现场质量检查的方法主要有（　　）。

A. 实测法   B. 检验法   C. 目测法   D. 实验法

E. 记录法

2. 下列施工成本管理的措施中，属于经济措施的有(　　)。

A. 对施工方案进行经济效果分析论证

B. 通过生产要素的动态管理控制实际成本

C. 抽检进场的工程材料、构配件质量

D. 对各种变更及时落实业主签证并结算工程款

E. 对施工成本管理目标进行风险分析并制定防范性对策

3. 进度计划调整的方法包括(　　)。

A. 关键工作的调整   B. 改变某些工作间的逻辑关系

C. 剩余工作重新编制进度计划   D. 资源调整

四、简答题

1. 影响施工进度计划的因素有哪些？

2. PDCA 循环原理中的四个阶段八个步骤分别是什么？

3. 施工项目资金运用的主要影响因素有哪些？

4. 简述 BIM 在施工中的应用。

参考文献

[1] 危道军. 建筑施工组织[M]. 北京：中国建筑工业出版社，2017.

[2] 梁培新，王利文. 土木工程施工组织[M]. 北京：中国建筑工业出版社，2017.

[3] 王晓初，李赢. 土木工程施工组织设计与案例[M]. 北京：清华大学出版社，2017.

[4] 高跃春. 建筑施工组织与管理[M]. 北京：机械工业出版社，2011.

[5] 曹吉鸣. 工程施工组织与管理[M]. 北京：高等教育出版社，2016.

[6] 张长友. 土木工程施工组织与管理[M]. 北京：中国电力出版社，2013.

[7] 穆静波. 施工组织[M]. 北京：清华大学出版社，2013.

[8] 翟丽旻，姚玉娟. 建筑施工组织与管理[M]. 北京：北京大学出版社，2009.

[9] 陈俊，杨光，盛金波. 建筑施工组织与资料管理[M]. 北京：北京理工大学出版社，2014.

[10] 姚玉娟. 建筑施工组织[M]. 7版. 武汉：华中科技大学出版社，2016.

[11] 穆静波，侯静峰，王亮，等. 建筑施工组织与管理[M]. 北京：清华大学出版社，2013.

[12] 全国一级造价师执业资格考试用书编写委员会. 建设工程造价管理[M]. 北京：中国计划出版社，2019.

[13] 李玉洁. 建筑工程施工组织与管理[M]. 西安：西北工业大学出版社，2017.

[14] 赵毓英. 建筑工程施工组织与管理[M]. 北京：科学出版社，2012.

[15] 于英武. 建筑施工组织与管理[M]. 北京：清华大学出版社，2012.

[16] 韩国平. 建筑施工组织与管理[M]. 北京：清华大学出版社，2007.

[17] 王广斌. 高等院校BIM课程设置及实验室建设导则[M]. 北京：中国建筑工业出版社，2018.

[18] 雷平. 建筑施工组织与管理[M]. 北京：中国建筑工业出版社，2019.